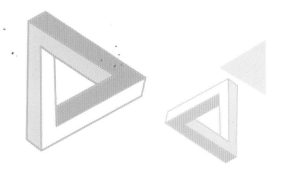

现代包装
设计

任素梅　编著

清华大学出版社

北京

内容简介

本书是一本专门介绍包装设计相关知识的学习工具书，全书共7章，主要包括包装设计的快速入门、包装的基本技巧、材质与结构分类、创新理念和行业典型赏析5个部分。本书主体内容采用了"基础理论+案例鉴赏"的方式讲解相关知识，书中提供了类型丰富的包装设计案例，如食品类包装、烟酒类包装、运动用品类包装和服饰类包装等。图文搭配的内容编排方式不仅能让读者更好地掌握包装设计的相关知识，还可以强化包装设计的实际应用能力。

本书适合想要学习艺术设计、产品设计的读者作为入门级教材，也可以作为大中专院校艺术设计类相关专业的教材或艺术设计培训机构的教学用书。此外，本书还可以作为一线平面设计师、广告设计师、造型设计师、艺术设计爱好者岗前培训、扩展阅读、案例培训、实战设计的参考用书。

图书在版编目 (CIP) 数据

现代包装设计 / 任素梅编著．—北京：清华大学出版社，2022.8（2024.7重印）

ISBN 978-7-302-60592-8

Ⅰ．①现… Ⅱ．①任… Ⅲ．①包装设计　Ⅳ．① TB482

中国版本图书馆 CIP 数据核字（2022）第 064804 号

责任编辑：李玉萍
封面设计：王晓武
责任校对：张彦彬
责任印制：宋　林

出版发行：清华大学出版社

网　　址：https://www.tup.com.cn，https://www.wqxuetang.com
地　　址：北京清华大学学研大厦 A 座　　　　邮　　编：100084
社 总 机：010-83470000　　　　　　　　　　邮　　购：010-62786544
投稿与读者服务：010-62776969，c-service@tup.tsinghua.edu.cn
质 量 反 馈：010-62772015，zhiliang@tup.tsinghua.edu.cn

印 装 者：三河市铭诚印务有限公司
经　　销：全国新华书店
开　　本：185mm×260mm　　　印　　张：13.5　　　字　　数：216 千字
版　　次：2022 年 9 月第 1 版　　　印　　次：2024 年 7 月第 2 次印刷
定　　价：69.80 元

产品编号：090406-01

PREFACE
前言

○ 编写原因

在商品市场竞争日趋激烈的背景下，如何抓住消费者的目光是每个商家都在思考的问题。除了广告营销，商品包装也成为非常重要的一个环节。在陈列着众多同类产品的货架上，消费者留给品牌包装的时间可能只有几秒，所以设计师只有尽可能掌握包装设计的基本技巧，广泛涉猎不同的设计作品，才能打开设计思路。

○ 本书内容

本书共7章，从包装设计快速入门、包装的基本技巧、材质与结构分类、创新理念以及行业典型赏析这几个方面讲解包装的相关知识。各部分的具体内容如下表所示。

部分	章节	内容
包装设计快速入门	第1章	该部分是对包装设计的基本介绍，包括包装的各项功能、包装设计的平面构成要素、常见分类和基本流程等内容
包装的基础技巧	第2~4章	该部分从包装的色彩要素、文字与图形设计、版面编排与设计实务3个方面来介绍包装基础技巧，目的是通过基础技巧的学习让设计师不在选择颜色和基本元素时犯下低级错误
材质与结构分类	第5章	该部分主要介绍了可用作包装的基本材质，如纸质、金属和玻璃等，并将材质使用的优劣进行展示。而包装的结构主要是对包装容器的造型进行介绍，让设计师有参考的空间
创新理念	第6章	与基本技巧不同，本部分主要介绍极具创意的包装设计，交互式包装、系列化包装以及绿色包装等，让设计师了解别人的先进设计经验
行业典型赏析	第7章	该部分是包装设计的赏析部分，从行业分类、产品特性来赏析，包括食品行业、烟酒行业、日杂用品行业、玩具行业和农副产品行业等的产品包装设计

○ 怎么学习

○ 内容上——实用为主，涉及面广

本书内容涉及商品包装设计的各个方面，从色彩、布局、图形元素和创意赏析等多个方面出发，将基础且实用的设计方法整理出来，呈现给读者。让设计师在巩固基础的同时，又能借鉴优秀、成功的设计经验，丰富自己的数据库。

○ 结构上——版块设计，案例丰富

本书特别注重版块化的编排形式，每个版块的内容均有案例配图展示，每幅包装设计的配图都有配色信息和设计分析。对案例进行分析时，还划分成思路赏析、配色赏析、设计思考、同类赏析4个版块，从不同角度全方位地分析该包装设计的精彩之处。这样的版式结构能清晰地表达我们需要呈现的内容，读者也更容易接受。

○ 视觉上——配图精美，阅读轻松

为了让读者了解到更具设计感、艺术感的包装设计方法，我们经过精心挑选，无论是案例配图还是欣赏配图，都非常注重配图的美观和层次，都是值得读者欣赏的设计作品，让读者能从精美的配图中培养自己的美学观念，正面影响自己的设计风格。

○ 读者对象

本书主要定位于以包装设计为主的从业人员，特别适合零基础设计学员，入门级、初中级包装设计师，同时也适合广告营销人员、设计专业学生以及想要从事包装设计的相关人士阅读和学习。

○ 本书服务

本书额外附赠了丰富的学习资源，包括本书配套课件、相关图书参考课件、相关软件自学视频，以及海量图片素材等。本书赠送的资源均以二维码形式提供，读者可以使用手机扫描下方的二维码下载使用。由于编者经验有限，加之时间仓促，书中难免会有疏漏和不足，恳请专家和读者不吝赐教。

编　者

CONTENTS
目录

第1章　包装设计快速入门

第2章　包装设计的色彩要素

第3章　包装设计的文字与图形设计

第4章　包装设计的版面编排与设计实务

第5章 包装设计的材质与结构分类

第6章 运用包装设计的创新理念

第7章 行业典型包装设计赏析

第 1 章

包装设计快速入门

学习目标

开始设计包装之前，设计人员应该对包装的基本功能有所了解，这样才能首先满足包装的功能性需要，再从包装的几大元素：色彩、文字、图像、构图，来展开设计，考虑几大元素的运用重点，让包装设计显得合理。

赏析要点

保护功能　　文字
防仿功能　　图像
储藏功能　　版面构成设计
便利功能　　内包装
促销功能　　中包装
色彩　　　　外包装

1.1 包装设计的基本功能

　　包装（packaging）是指为在流通过程中保护产品、方便储运、促进销售、按一定的技术方法所用的容器、材料和辅助物等物品的总体名称。包装除了有包裹盒承装的功能外，还有对物品进行修饰、获得受众青睐等重要功能。

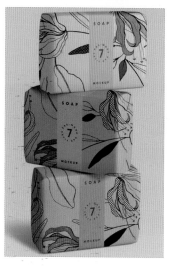

1.1.1 保护功能

包装的基本功能就是保护商品免受日晒、雨淋、灰尘污染等自然因素的侵袭，防止挥发、渗漏、溶化、污染、碰撞、挤压、散失以及被盗窃等损失。如我们所知，一件商品从出厂到上架销售，再到消费者手中，中间会经过多次流通，遭受各种外因和内因的影响，使商品品质发生变化，而商品包装可在一定程度上保护商品。

所以一个专业的包装设计人员，应该根据商品的性质，采用不同的材质设计商品包装，以保证商品在流通过程中不受损。

如下所示的包装图，不仅通过玻璃材质的包装瓶将蜂蜜储存起来，防止变质或被污染，还按照4瓶一组的形式用木质外包装加强防护。这样在运输该蜂蜜的过程中，即使出现意外情况将包装掉在地上，玻璃瓶也不会轻易破碎，而导致瓶内蜂蜜产品流出。这也是双重意义上的保护，一是防止产品遭到破坏，二是保障产品的卫生。

1.1.2 防伪功能

越是有人气的商品，越会遇到造假等不良商业竞争，为了让消费者买到正规商品，很多商家会在包装上添加防伪标志，如公司图标、防伪码等，这是包装附带的一个功能。如下左图和中图所示，在包装条上印有该食品品牌的图形标志，而在下右图的包装上我们可以看到商品的防伪条形码。

1.1.3 储藏功能

对于食品、饮料等商品，为了延长其保质期，不至于受到外界环境的污染，一定要采用无菌包装对其进行储存，这样才能长久放置，并方便取用。如下左图所示，对于熟食且保质期仅有几天的食品，一般应采用锡纸+塑料薄膜来包装，便于即开即食、加热、展示食物；而下右图的玻璃瓶能对液体进行完全密封，保证其不受污染。

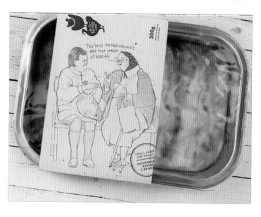 

1.1.4 便利功能

商品包装能给流通环节储、运、调、销带来方便，如装卸、盘点、码垛、发货、收货、转运、销售计数等。尤其是不方便放入背包中的物品，如咖啡、熟食等，一般都会在包装上有所设计，以方便使用者携带。

因此，包装设计就不应仅仅考虑美观、功能，而更加着重于实用，是非常人性化的考量，也是包装的延展功能。如下左图所示，是某蜂蜜品牌的一整套包装，其通过"内包装+外包装"的形式满足了包装的基本功能。外包装选用木质材料，结实耐用，且可以循环利用，形状上像蜂巢，可直观地展示产品。通过在上方的小圆盖上设计提拉绳，方便消费者携带。

而下右图所示的包装虽然简单，却通过简便的设计让携带即食咖啡变成轻松的事。街边的即食咖啡，消费者在携带的时候，有两个难点，一是烫手，二是易洒。下面的简易包装则解决了这两方面的问题，将咖啡挂在包装上，通过提包装，既方便，又不用直接与咖啡杯接触。

1.1.5 促销功能

在美学的概念没有进入商业市场前，商家都把吸引顾客的重点放在产品质量和折扣方式上。现在，随着市场竞争不断加剧，同类产品层出不穷，所以商家也奇招迭出，想方设法吸引消费者的注意力。从商品的外包装入手能够有效地增强商品的吸引力，突出商品本身的特色。一个好的包装设计抵得上一个经验丰富的推销员。

如下左图所示的是某牛乳冰淇淋的包装，通过不一样的包装造型能迅速吸引小朋友和有少女心的女士，包装造型有些像卡通版的乳牛，除了可爱能吸引人外，还能从另一方面展示产品的特色，可以说是非常简单又有效的包装了。

另外，包装的颜色以蓝色和白色为主，白色象征牛乳的颜色，蓝色又让消费者联想到北海道的蓝天和大海，并在炎热的夏季带给消费者清新之意。

而下右图所示的是某款猫粮品牌的包装图，在包装袋上绘制了卡通版的猫咪，直接告诉消费者产品属性。为了不让包装图显得单调，特意在颜色上下功夫，采用鲜明的绿色获得一种饱满的效果，能从一众品牌中脱颖而出。且该包装图只是一个系列内的一张而已， 该品牌的另一款狗粮产品则通过卡通小狗来提醒消费者购买方向。这样在超市货架上，消费者走进该区域，不用仔细观看，通过包装图就能分辨。带给消费者新意和有趣的同时，又增添了便利。

1.2 包装设计的平面构成要素

为了实现包装的基本功能，我们需要对包装好好设计。而只有把握好包装设计的构成要素，才能赋予包装价值和意义。 包装设计的平面构成要素分别是色彩 、文字、图像和版面构成设计。

1.2.1 色彩

  包装颜色是最具刺激销售作用的构成元素，利用好色彩元素能够突出商品特性的色调组合，不仅能够强化品牌特征，还能对顾客产生强烈的感召力。而颜色组合多样、多变，可供设计者自由发挥，所以使用起来非常便利。同时，在视觉冲击力上，文字和图形也都稍逊于色彩的搭配。下图所示为某系列化妆品的包装设计，将鲜花的色系运用到该系列产品中，在自然的基础上体现出多样性。

  按照颜色的明暗对比，可分为不同的色调，不同色调带给人的感觉截然不同，具体如下所述。

- ◆ **暖色调**。暖色调能使人在心理上产生温暖的感觉，由红、橙、黄、棕等颜色组成，一般用于食品等类型的产品包装，能让人产生食欲。如下左图所示为黄色的狗粮包装图，可给人温馨的印象。

- ◆ **冷色调**。冷色调一般由让人产生凉爽感觉的绿、蓝、紫等颜色构成，在视觉上有收缩的作用，是收缩色和后退色，也会产生空间开阔、通透的效果，通常用于卫生用品、药品、饮品等包装设计上。如下右图所示为某品牌矿泉水的包装设计，通过不同层次的绿色、白色勾勒出山间林泉的图景，给人清幽、自然、干净的感觉。

◆ **灰调**。物体的色调一般是由黑、白、灰三色调和而成，给人雅致、素净、低调的感觉。对于奢华、档次较高的商品来说，采用灰调的包装设计能体现其品质。

1.2.2 文字

包装需要向消费者传递有关产品的各种信息，所以包装设计上一定要留有文字信息，包括品名、产品标签（主要成分、品牌标识、产品质量等级、产品厂家、生产日期和有效期、使用方法）、广告语等。而文字与其他包装要素要相互协调，不能喧宾夺主。

1. 说明文字

说明文字一般应按照厂家的基本规定印刷，通常可印在不起眼的包装背面或侧面，并保证清晰、可读。如下图所示将产品的有关信息印在包装周围，并通过艺术的字体，获得装饰的效果。

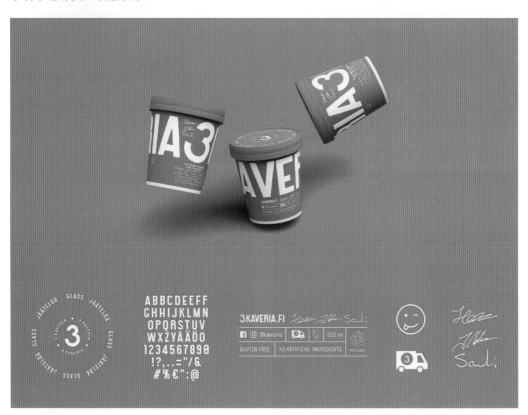

2. 广告语

为了商品促销，商家的广告宣传部会为产品设计简洁、易记的广告语。这种广告语不仅会投放在电视广告中，还可印在包装上，以强化产品特征。在设计时，为了突出商品的独特性，可采用富有特色的字体，如艺术字、广告体、美术体等。如下图将产品宣传语印在产品名称下，用小号字体，既不喧宾夺主，又能向消费者传达"自然（natural）"的品牌理念。

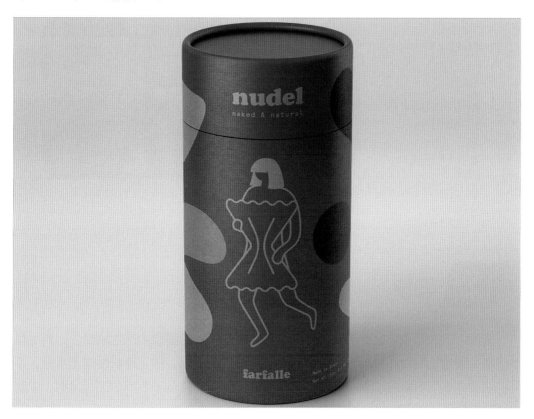

3. 品名

品名即产品名称及品牌名称，一般会印在包装设计的显眼位置，字体通常也不是规范统一的，而是各具特色且突出、醒目，让消费者最先注意到。

如下左图所示，将品名印在包装右侧，用大号字体展示，可突出品牌或借助品牌促销商品，配合简单的红色背景，从色差中凸显品名。

而下右图是"SMALL BEER"品牌下的一款啤酒，利用包装设计的独特之处非常自然地点出产品名称，在素描手势的拇指和食指之间自然而然地给出了指向，而且该手势也暗示了品牌含义——"小"。手势与品名相对应，增添了趣味性。除了手势图外，该包装设计非常简单，在纯色的背景上印上品名，不会显得凌乱，消费者能够清晰地看到。

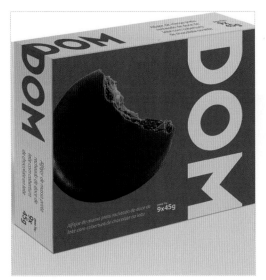

1.2.3 图像

　　图像可以增添包装设计的多样性，让消费者从不同的图像中产生联想，为商品赋予价值。若是包装设计只用颜色来表达，会显得过于单调，缺乏趣味性或艺术性。不同的图像能展示不同的风格。下图两款包装设计给我们展示了不同的图画风格，以此体现不同品牌的商品风格。

1.2.4 版面构成设计

基本的包装元素——色彩、文字和图形，要放在一起共同展示产品，而这些元素又必须相互协调、相互补充，不能相互冲撞。所以，要按照一定的比例来分配各元素，这样设计师需要掌握一定的包装法则。

1. 主体突出

如果想要特别强调产品的某种特性，在包装设计上可以采用陪衬主体的方式，这样可以将消费者的目光吸引到其应该注意的地方，而且整个包装层次分明，不会各个元素撞在一起，显得杂乱不堪。

如下图所示是某品牌灯泡的包装设计，该品牌以昆虫为设计主体，通过产品与昆虫腹部在形状上的契合来突出产品。

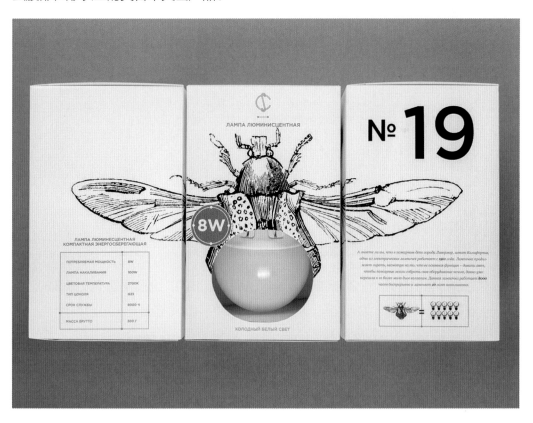

2. 对称

对称是一种平衡、规则的美感，一般以包装的中心点为界，分为两部分，适合包装容器类的产品，如包装盒等。对称的设计可给人带来简单、平静、规范的直观感受。

如下图所示，包装图采用对称的设计方式，让包装显得非常有层次。虽然并未绘制一些特别的图像进行装饰，但是通过不同颜色有规律的叠加，在简单的白色背景下又有多样的变化，让消费者觉得大气简洁的同时，又可以看到商品的亮点和设计师的细致。

对称图形有很多分类，有标准的以及不是那么标准的，上图便是不太标准的对称图。一般我们将对称图分为轴对称图、旋转对称图和中心对称图。

- ◆ **轴对称图**。轴对称图是指一个图形沿着一条直线对折后两部分完全重合。

- ◆ **旋转对称图**。把一个图形绕着一个定点旋转一个角度后，与初始图形重合。

- ◆ **中心对称图**。中心对称图是指一个图形绕某一点旋转 180°，旋转后的图形能和原图形完全重合。

1.3　包装设计的常见分类

由于商品的形状、大小各有区别，因此在包装的选择上应结合具体的需要考虑。从储存、卫生、方便携带、防碰撞等方面，我们可将商品包装分为内包装、中包装和外包装三大类，这是按照包装的需要来划分的。

1.3.1 内包装

内包装，顾名思义就是内部包装，是直接与产品接触的包装，从形状上来讲属于小包装，是商品生产后的第一道包装，也是第一道保护层。这种包装尤其对于食品来说是非常有必要的，可将食品与空气中的污染物隔离。

商品陈列在货架上的时候，内包装是可以直接展示在消费者眼前的，当然它也可以包裹在其他包装之内，所以内包装一般较为轻薄、小巧，材质也更轻巧。如下图所示的纸盒、玻璃瓶都是直接储存产品的，与产品直接接触，算是产品内包装。

1.3.2 中包装

中包装是商品的第二层包装，在内包装与外包装之间添加的一种保护商品的包装设计。有了中包装，外包装的作用就减弱了，甚至可以省略外包装，消费者也可以直接通过中包装选中商品。

一般来说，只有易碎物品或是比较零散的物品才会使用中包装，而且能统一数量进行成套组装，如一提啤酒、一条香烟等。

1.3.3 外包装

外包装多指运输包装。这种包装可以保证商品在运输过程中的安全，方便各环节工作人员拆卸、搬运、计数，而且外包装设计以简单为主，以图形、文字为重点，并标明产品的型号、规格、尺寸、数量、出厂日期等信息。

1.4 包装设计的基本流程

包装设计所涉及的元素较多，需要考虑的问题也较为复杂，所以并不是一件容易做好的工作，只有结合各方面所需才能设计出既让客户满意又贴合产品的包装。设计人员必须清楚包装设计的基本流程，把握好包装设计的每一个步骤，只有这样，呈现出来的效果才最佳。

如下图所示为包装设计的基本流程图，设计人员可按照图中所示的具体步骤开展设计工作。

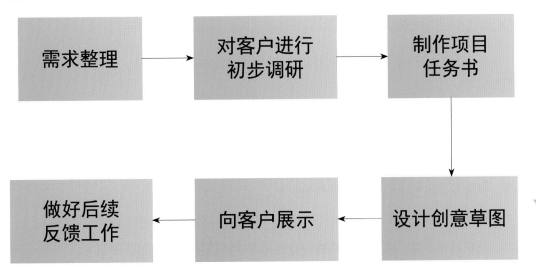

从上图我们能够了解到包装设计主要经过6个基本环节，下面进行具体介绍。

1. 需求整理

开始包装设计之前，设计人员首先要明白一个概念，包装是产品和品牌的附加价值，所以包装应先满足品牌和产品的需要，其实就是客户的需要。不是在此基础上产生的设计思路都是没有意义的。

因而，我们要确定客户的需求，全面了解与客户、产品及品牌有关的信息，如设计项目的原因、最终目标、效果等，只有这样才能据此做进一步的调研。

2. 对客户进行初步调研

了解客户的基本意图后，就要着手调研产品特征（包括形状、属性、自身价值、功能）、市场环境、目标消费者情况、产品品牌形象等信息，了解越多越能帮助我们找到设计方向。一般可从下述两个方面展开调研。

- ◆ **基础调研**。基础调研是设计人员通过问卷调查等方式获得第一手资料，是比较直接且调查范围比较固定的一种方式。
- ◆ **二手资料统计**。二手资料主要可从调研网站、品牌官网、行业白皮书等渠道获得，可对市场大范围的数据进行收集，对产品的定位也有准确的判断，设计人员基于此便可获得更多的设计灵感和想法。

3. 制作项目任务书

制作项目任务书可以更好地厘清我们的思路，并罗列相关资料，对该设计项目的目标、最终效果等进行说明。制作项目任务书时，主要应掌握以下5个要点。

一是目标消费者，要清楚大致的年龄范围、性别、收入层次、学历高低、城市分布区域等。

二是针对产品，要列明基本的知识点，如产品宣传方式、产品投放市场、产品的功能、产品的基本属性。

三是包装设计的目的，以及想要获得的效果。设计人员要厘清主要目的、次要目的，要先满足主要目的，再考虑其他。

四是客户意见，对于设计的不同阶段的内容，都要及时与客户取得一致意见。

五是设计方案，要通过具体的设计方案来回应项目任务书的各项要求。

4. 设计创意草图

开始制作设计草图时，可先通过头脑风暴法设计出可能的创意草图，再对草稿图进行修改、筛选，逐渐形成最终的概念图，以供客户参考。

5. 向客户展示

设计基本成形后，应向客户进行相关展示，包括细节展示、外形展示、色彩说明、设计图命名等。此外，还要向客户说明设计的理念、运用的构图和色系搭配。得到客户的初步认同后，即可进入最后的完善阶段。

6. 做好后续反馈工作

包装设计的终稿完成并得到客户的认可后，便能投入实际使用中。设计人员还要做好后续的相关工作，如在实际生产中由于包装材质的选用，是否会影响设计的表达、是否需要特殊的印刷工艺等。

投入市场后，还需观察后续的销售情况，调查包装设计的市场反馈是否正面，若是没有获得理想的效果，就要在今后的设计中进行改进。

包装设计的色彩要素

学习目标

色彩在各种设计中的应用已经非常普遍了，由于其特殊的情感暗示和美学作用，设计师不得不学习如何运用色彩元素为设计增色。包装设计尤其如此，设计师要特别注意产品和消费群体与各种色彩之间的关联，而不是胡乱运用。

赏析要点

传达性	绿色
整体性	蓝色
独特性	紫色
色彩的对比效果	黑白灰
色彩的调和美	高雅
红色	美味
橙色	清爽
黄色	华丽

2.1 设计包装色彩的要点

　　色彩是现代包装设计的一大要素，能够带给消费者最直接的视觉体验。不同的色彩各有标志性的含义，所以要慎重使用，只有遵循一定的原则，才能不在大方向上出错。一般来说，使用色彩时要注意其传达性、系统性和时尚性。

2.1.1 传达性

　　包装设计的色彩元素是传达产品信息的一种辅助手段，不能为了吸引目光就随意使用、堆砌色彩，让消费者摸不着头脑，甚至觉得眼花缭乱，这样就失去了运用色彩的初衷了。为了更好地凸显商品，运用色彩要体现产品的差异性、独特性，使其在同类产品中更具辨识性，脱颖而出，而所有这些，都基于设计人员对产品的了解。

	CMYK	8,9,87,0	RGB	253,231,0		CMYK	42,0,12,0	RGB	144,241,250
	CMYK	0,83,66,0	RGB	253,74,69		CMYK	66,0,80,0	RGB	40,218,94

○ 思路赏析

这是一款产于墨西哥的发酵饮料，由菠萝皮制成，可以和淡啤酒一起制成鸡尾酒。该款饮料一共推出了5种口味，为了凸显5种不同的口味，画面运用不同的颜色强调了口味的变化。

○ 配色赏析

饮料包装为纯色包装，每种口味对应不同的颜色，除了区别口味外，还能体现多样性。丰富的色彩能够让人联想起盛夏的阳光、微风、果实，也让人感受到墨西哥人的热情。

○ 设计思考

为了融入墨西哥的街头小贩文化，设计师从餐车、街头艺术和老式海报中寻找灵感，运用这些跳脱的颜色展现墨西哥文化的生动、大胆，并通过有趣的字体交替体现包装的现代感。

	CMYK	53,20,20,0	RGB	130,181,200
	CMYK	73,69,32,0	RGB	94,91,134
	CMYK	83,54,75,16	RGB	48,97,78
	CMYK	10,28,21,0	RGB	234,197,191

	CMYK	85,42,100,4	RGB	17,121,46
	CMYK	29,16,94,0	RGB	206,203,0
	CMYK	39,17,98,0	RGB	179,190,8
	CMYK	100,85,44,8	RGB	6,60,106

○ 同类赏析 ▲

为了传达"Daydream（白日梦境）"的概念，根据3种不同的口味，选择一个梯度上的饱和颜色，像天气图一样的设计给人空灵、明亮之感。

○ 同类赏析 ▲

在白色的背景上以舒缓和平静的绿色作为调色板，传递生命健康的理念，告诉消费者勤用消毒液，呵护自己与家人。

○ 其他欣赏 ○　　**○ 其他欣赏 ○**　　**○ 其他欣赏 ○**

21.2 整体性

产品包装设计看的是整体效果，所以色彩与色彩之间、色彩与文字之间、局部与整体之间、不同系列之间、都要相互协调、呼应，彼此产生影响。另外，色彩设计还应考虑企业形象和代表颜色，保持风格的统一。

	CMYK 8,80,87,0	RGB 235,84,37		CMYK 88,66,24,0	RGB 36,92,149
	CMYK 83,34,70,0	RGB 3,136,105		CMYK 47,99,100,18	RGB 143,27,14

○ 思路赏析
该手工设计品牌注重个性，每件产品都是独一无二的，为了体现这一点，从包装盒、吊牌到使用说明都"全副武装"，处处展示出设计的浓重与精美，将豪华与设计感合二为一。

○ 配色赏析
包装盒的顶部选择奶油色或橙色，而盒子的侧面采用了标志性的橙色、蓝色、红色或绿色，也为整个品牌定下了基调，可体现品牌的凝聚力，以及俏皮、充满活力的品牌文化。

○ 设计思考
在不断变化的颜色冲撞中，可与不同的手工作品进行搭配，包装设计与手工产品形成一个整体，且产品包装的各构成部分也构成一个整体设计，如上图吊牌与包装盒色系统一。

	CMYK 23,87,71,0	RGB 208,65,67
	CMYK 100,92,1,0	RGB 25,43,155
	CMYK 19,22,32,0	RGB 217,201,176
	CMYK 21,97,78,0	RGB 212,28,54

	CMYK 1,97,84,0	RGB 245,1,37
	CMYK 100,98,42,0	RGB 0,20,135

◎ 同类赏析 ▲

上图是圣诞巧克力系列包装，共设计了两款，包装颜色与圣诞主题颜色统一，分别搭配红、蓝、黄，各种色彩相互协调，可给消费者留下温馨的圣诞印象。

◎ 同类赏析 ▲

上图用品牌标志性的红蓝配色，设计了几款限量矿泉水包装，每款设计都与另外的图案有关联，并对应水之起源：天空、雨水、植被和岩石。

◎ 其他欣赏 ◎　　◎ 其他欣赏 ◎　　◎ 其他欣赏 ◎

2.1.3 独特性

　　商品如要抢占市场，就要具备有别于其他同类产品的地方，即产品独特性，而包装的独特性是产品独特性的一种体现，需要重点注意。我们在注重包装色彩整体性的同时，也要体现个性，强化消费者的印象，赋予产品仅仅属于其自身的色彩。

○ 思路赏析

◀ 为了强化与墨西哥地区间的合作，百事可乐推出了限量版可乐罐来推广其独特的文化，特意在民间艺术、建筑等文化符号中找到标志性的设计元素。

○ 配色赏析

以百事可乐的品牌颜色——蓝色作为底色，结合墨西哥的文化元素绘制不同的图案，体现出独特性。

	CMYK	5,93,74,0	RGB	240,37,56
	CMYK	0,0,0,0	RGB	255,255,255
	CMYK	94,73,19,0	RGB	7,80,149
	CMYK	61,95,13,0	RGB	133,39,135

○ 设计思考

每个地区都有独特的文化和流行颜色。以墨西哥为例，丰富的中美洲文明、沙漠及海洋景观，能够激发设计人员源源不断的灵感。

○ 同类赏析

◀ 左图为一款亚马孙草药茶的包装设计，通过绿色突出丛林之美，以土著地区的风俗绘制药草世代相传的图景，满足消费者的猎奇心理。

右图为一款葡萄酒的包装，设计灵感 ▶ 来自对地球多年来不断变化的理解，用引人注目的宝石般的颜色展现化石形状。在视觉上形成抽象对比，确保这款酒的跳脱性。

	CMYK	82,61,81,32	RGB	47,76,58
	CMYK	54,60,100,11	RGB	133,103,39
	CMYK	5,23,18,0	RGB	244,211,202
	CMYK	41,81,86,5	RGB	167,77,53

	CMYK	16,22,23,0	RGB	221,204,194
	CMYK	24,100,64,0	RGB	207,0,70
	CMYK	25,41,76,0	RGB	207,161,76
	CMYK	85,81,85,71	RGB	21,20,16

2.2 色彩的对比与调和

　　我们在设计商品包装时，对色彩运用得越多，越会觉得难以掌握色彩的搭配。而色彩的对比与调和就是非常矛盾的存在，只有解决好色彩之间的搭配问题，才能让色彩元素在包装设计中发挥作用，并通过不同色彩之间的搭配来传达设计灵感、展示产品形象。

2.2.1 色彩的对比效果

色彩的对比是指颜色与颜色在空间上的相互联系所产生的视觉影响，通过将两种不同的颜色拼凑在一起能够产生千变万化的对比效果。同时，也能给设计的整体效果带来鲜明、突出的视觉冲击力。

	CMYK 73,14,15,0	RGB 0,177,218		CMYK 52,68,42,0	RGB 147,100,120
	CMYK 13,18,0,0	RGB 228,215,235		CMYK 71,36,37,0	RGB 81,143,156

○ **思路赏析**

该能量饮料的包装设计以带有微笑的太阳图案体现品牌理念，在拉丁美洲的审美习惯中，部落太阳标志代表了极具个性的能量，能带给消费者不寻常的"热带"记忆，与巴西的意象重叠起来。

○ **配色赏析**

充满活力的蓝色和粉色，组合起来能让人联想起用美丽的淡粉色照亮地平线的落日，带给消费者这样一种感觉：一天的忙碌结束时应首选这款饮料。

○ **设计思考**

蓝色与粉色虽然在视觉上差距很大，但也并不是不能搭配，温和的淡蓝色与淡粉色相搭配，视觉冲击不显突兀的同时，又将产品的活力体现出来，非常符合能量饮料的自身功能。

	CMYK 44,96,100,11	RGB 157,39,27
	CMYK 45,56,100,2	RGB 163,120,28
	CMYK 94,89,45,11	RGB 40,54,99
	CMYK 94,96,67,59	RGB 18,16,38

○ 同类赏析　　　　　　　　　▲

该设计综合运用纹理、颜色和形状，通过红、蓝、黄3种颜色的规律叠加，再利用图形的对称，极具艺术感，易受到从事文艺工作的消费者的青睐。

	CMYK 6,17,37,0	RGB 246,221,173
	CMYK 51,6,25,0	RGB 135,204,204
	CMYK 85,53,28,0	RGB 26,111,155
	CMYK 78,18,56,0	RGB 0,161,136

○ 同类赏析　　　　　　　　　▲

该茶饮料品牌十分重视原材料的纯正，因此在包装上将品牌与采购植物材料的荒野紧密联系在一起，并通过不同色彩的对比体现植物的变化与多样。

○ 其他欣赏 ○	○ 其他欣赏 ○	○ 其他欣赏 ○

2.2.2　色彩的调和美

　　为了获得视觉上的平衡，在进行包装设计时应对色彩进行调和，色彩与色彩之间既是对比的，又是统一的。色彩调和的方式主要有5种，包括类似调和、对比调和、秩序调和、隔离调和以及空间混合调和。

	CMYK 88,58,86,31	RGB 26,78,55		CMYK 80,32,96,0	RGB 46,140,64
	CMYK 77,47,85,8	RGB 71,114,71		CMYK 24,16,85,0	RGB 216,207,54

○ **思路赏析**

这是一款有机食品的包装设计，为了通过更多的温暖和情感来吸引消费者，采用饱满的颜色勾勒出和谐、信任的感觉，表达大自然的丰富。

○ **配色赏析**

利用丰富的绿色来代表自然，加上清晰的摄影，树立了一个时髦和诱人的有机食品品牌，多种颜色的调和不会让人觉得"冷"。

○ **设计思考**

品牌标志的设计代表了一种和谐的理念，希望消费者与自然和谐相处，而可识别的颜色能让其放心食用，这也体现了品牌的自信，鼓励其与家人选择更健康的饮食。

	CMYK	57,0,62,0	RGB	111,212,132
	CMYK	32,78,95,0	RGB	191,86,39
	CMYK	96,78,24,0	RGB	8,73,139
	CMYK	58,11,46,0	RGB	116,186,158

	CMYK	85,41,100,4	RGB	0,121,0
	CMYK	39,7, 97,0	RGB	182,208,0
	CMYK	27,35,97,0	RGB	206,170,0
	CMYK	27,14,48,0	RGB	204,209,150

○ 同类赏析

上图葡萄酒包装使用透明的瓶子来突出透明度的主题，使色彩被放大，明亮而近乎迷幻的渐变色可展示巨大的彩色能量。

○ 同类赏析

该茶叶品牌以鲜明的色彩和现代化的审美吸引新的受众，明亮的绿色和黄色叠加之后，让品牌更显年轻化，可就此打开年轻消费者的市场。

○ 其他欣赏 ○	○ 其他欣赏 ○	○ 其他欣赏 ○

2.3 包装设计基础色

　　要想游刃有余地运用色彩来为包装设计添彩，除了应掌握各种色彩运用规则和方法外，还要了解一些基础色的运用，如红、橙、黄、绿、青、蓝、紫，再加上黑、白、灰，这些基础色是包装设计常会用到的，或叠加，或对比，或构成图像，我们需要了解每种基础色的特点、象征意义，以方便使用。

2.3.1 红色

　　红色是电磁波可见光谱中低频末端的颜色，也是光的三原色和心理四色之一，日常所见，红色类似于新鲜血液的颜色。一般具有吉祥、喜庆、热烈、幸福、奔放、勇气、斗志、轰轰烈烈、激情澎湃等含义。

　　红色的光学互补色是青色，红色与绿色则是一对强烈的对比色，它能和翠绿色、靛蓝色混合叠加出任意色彩。

银红
CMYK 5,80,59,0　　　　RGB 240,86,84

大红
CMYK 0,93,84,0　　　　RGB 255,32,33

石榴红
CMYK 3,97,100,0　　　　RGB 242,12,0

洋红
CMYK 0,84,32,0　　　　RGB 254,71,119

品红
CMYK 4,97,49,0　　　　RGB 240,0,87

海棠红
CMYK 17,78,44,0　　　　RGB 219,90,108

绯红
CMYK 27,89,97,0　　　　RGB 200,60,35

胭脂
CMYK 44,96,85,10　　　　RGB 157,41,50

酡红
CMYK 16,92,92,0　　　　RGB 220,48,34

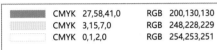

○ 同类赏析

该款护肤品以淡粉色作为背景色，与人的肤色有很高的契合度，加上白色的文字信息，既简约又能提高产品的信任度。

	CMYK 27,58,41,0	RGB 200,130,130
	CMYK 3,15,7,0	RGB 248,228,229
	CMYK 0,1,2,0	RGB 254,253,251

○ 同类赏析

该系列小吃饼干，设计了不同的主题来展示各种口味，在颜色上也有很大的区别，利用粉色可轻易让消费者感知到甜味。

	CMYK 13,68,7,0	RGB 229,114,169
	CMYK 27,97,89,0	RGB 200,33,43
	CMYK 9,31,55,0	RGB 240,191,125
	CMYK 63,97,76,52	RGB 75,16,34

○ 同类赏析

画面以朱红色为背景色衬托魔鬼图案，明亮的色彩加上艺术感的线条，使这款酒的包装设计尤显独特。

	CMYK 43,100,100,10	RGB 162,21,1
	CMYK 44,63,74,2	RGB 162,109,75
	CMYK 0,0,0,60	RGB 137,137,137
	CMYK 38,98,100,4	RGB 177,32,29

○ 同类赏析

该款饮料用暗红的背景来衬托鲜艳的木槿花，相比之下，更能向消费者展示原料的吸引力。

	CMYK 67,86,68,41	RGB 80,42,53
	CMYK 7,96,100,0	RGB 236,22,12
	CMYK 10,0,82,0	RGB 255,253,21
	CMYK 42,52,90,0	RGB 170,131,54

2.3.2 橙色

橙色又称橘黄色或橘色，是电磁波中可见光里的中低频部分，是介于红色和黄色之间的中间色。橙色是欢快、活泼的热情色彩，是暖色系中最温暖的颜色。

在日常生活中，橙柚、玉米、鲜花、果实、霞光、灯彩、太阳等都是橙色的代表意象，是欢快、活泼、澎湃、华丽、健康、兴奋、温暖、欢乐、热情的情感表达，常作为装饰色。

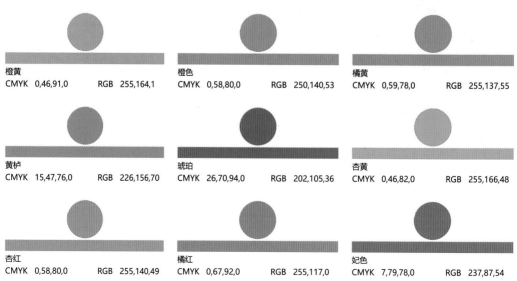

橙黄 CMYK 0,46,91,0	RGB 255,164,1	橙色 CMYK 0,58,80,0	RGB 250,140,53	橘黄 CMYK 0,59,78,0	RGB 255,137,55
黄栌 CMYK 15,47,76,0	RGB 226,156,70	琥珀 CMYK 26,70,94,0	RGB 202,105,36	杏黄 CMYK 0,46,82,0	RGB 255,166,48
杏红 CMYK 0,58,80,0	RGB 255,140,49	橘红 CMYK 0,67,92,0	RGB 255,117,0	妃色 CMYK 7,79,78,0	RGB 237,87,54

○ 同类赏析

该款杜松子酒将随机的元素融合在一起，利用独特的图案和充满活力的橙黄色背景，传递出美丽、大胆的信息。

	CMYK	RGB
	8,0,85,0	254,245,2
	2,41,90,0	253,175,13
	6,81,91,0	238,83,29
	29,23,38,0	194,190,163

○ 同类赏析

为了让消费者在享用该品牌曲奇饼干时感到快乐，用杏黄色的包装赋予怀旧感，让人们怀想童年。

	CMYK	RGB
	15,47,84,0	227,156,52
	70,79,95,59	56,35,18

○ 同类赏析

该款葡萄柚气味的苹果酒，面向年轻消费群体，以橙红+土黄色为背景色，不同比例的深浅对比，让品牌更年轻化、人性化。

	CMYK	RGB
	30,84,100,0	195,71,1
	21,42,62,0	214,162,105
	6,48,53,0	242,161,116

○ 同类赏析

该谷物早餐食品以"微小的幸福"为主题，用橙黄色的背景暗示粒粒饱满的谷物，加上生动的笑脸标志，传递快乐。

	CMYK	RGB
	14,53,92,0	227,144,26
	15,16,40,0	227,215,167
	45,64,90,5	158,105,51
	9,7,29,0	241,236,196

2.3.3 黄色

　　黄色是四个心理学基色之一，以及减法三原色之一，给人愉快、辉煌、温暖、充满希望和活力的色彩印象。类似熟柠檬或向日葵、菊花色，是在光谱上位于绿色和橙色之间的颜色。

　　黄的光学补色是蓝色，但传统画师多以紫色作为黄色的互补色。

鹅黄
CMYK 7,3.,77,0　　　　RGB 254,241,67

鸭黄
CMYK 11,0,63,0　　　　RGB 250,255,113

藤黄
CMYK 1,38,86,0　　　　RGB 255,181,30

姜黄
CMYK 2,30,58,0　　　　RGB 255,199,116

雌黄
CMYK 3,29,75,0　　　　RGB 255,198,75

赤金
CMYK 9,31,77,0　　　　RGB 242,190,70

缃色
CMYK 11,28,82,0　　　　RGB 240,194,57

雄黄
CMYK 14,31,89,0　　　　RGB 233,187,29

秋香色
CMYK 22,31,93,0　　　　RGB 217,182,18

○ 同类赏析

这是一个展现奢华的罐子，从华丽的、东方风格的图案到金色的包装，留给消费者明亮、向上的印象。

	CMYK		RGB	
	CMYK 24,25,91,0		RGB 213,189,31	
	CMYK 86,53,100,23		RGB 32,90,40	
	CMYK 83,45,100,7		RGB 41,116,31	
	CMYK 21,51,93,0		RGB 214,144,30	

○ 同类赏析

这是一款有趣的小吃包装设计，以蟋蟀为原料。黄色的迷幻插图将原料置于前方和中央，通过有趣的拟人化设计提高人们的接受度。

	CMYK		RGB	
	CMYK 5,38,88,0		RGB 249,178,26	
	CMYK 84,67,10,0		RGB 56,91,166	
	CMYK 11,73,86,0		RGB 231,102,41	
	CMYK 29,100,97,0		RGB 196,23,35	

○ 同类赏析

这是一款可以反复使用的灌装茶叶包装，画面以清代皇族女性形象为主题，黄色的外包装暗示紫禁城的巍峨，彰显出品牌的高档品质。

	CMYK		RGB	
	CMYK 2,60,91,0		RGB 248,133,16	
	CMYK 86,68,53,13		RGB 50,81,99	
	CMYK 0,46,83,0		RGB 255,165,45	

○ 同类赏析

该款冰激凌包装设计为了激发消费者的童年回忆，用花生黄油色与品牌红色形成对比，加上水滴效果能将奶油的香浓甜腻展现出来。

	CMYK		RGB	
	CMYK 4,40,73,0		RGB 249,177,77	
	CMYK 18,91,77,0		RGB 217,54,57	
	CMYK 78,40,7,0		RGB 42,137,203	
	CMYK 2,17,40,0		RGB 254,223,166	

第2章　包装设计的色彩要素

2.3.4 绿色

　　绿色是自然界中十分常见的颜色，类似于春天绿叶和嫩草的颜色，代表意义有清新、希望、安全、平静、舒适、生命、和平、宁静、自然、环保、成长、生机、青春、放松，是常见的一种环保色。

　　绿色可由黄色和青色调和，如果根据其比例的不同，加入不同程度的其他颜色可呈现出不同的色彩。

石绿
CMYK　77,11,87,0　　　RGB　22,169,81

松柏绿
CMYK　76,14,67,0　　　RGB　33,167,117

松花绿
CMYK　87,43,88,4　　　RGB　6,119,73

绿沈
CMYK　83,32,100,0　　　RGB　13,137,25

绿色
CMYK　66,0,100,0　　　RGB　0,229,0

草绿
CMYK　63,0,80,0　　　RGB　65,222,91

碧绿
CMYK　64,0,55,0　　　RGB　42,221,156

油绿
CMYK　74,0,100,0　　　RGB　0,187,18

豆绿
CMYK　46,1,84,0　　　RGB　158,209,72

○ 同类赏析

上图所示的墨西哥小吃,其主要成分为苋菜,所以包装设计上设计师以绿色和粉红为主色调,可以让消费者联想到原料。

	CMYK 73,61,85,29	RGB 73,80,53
	CMYK 55,10,66,0	RGB 129,189,118
	CMYK 42,100,75,5	RGB 167,27,60
	CMYK 15,17,21,0	RGB 225,213,201

○ 同类赏析

该咖啡饮料的主要成分来自亚马孙部落,包装设计上深绿色的主色调结合当地的面部绘画可直接展示出亚马孙丛林的力量及其本土文化。

	CMYK 86,43,91,5	RGB 19,119,70
	CMYK 24,37,63,0	RGB 208,170,106
	CMYK 94,76,89,69	RGB 0,26,18
	CMYK 90,56,92,27	RGB 13,84,53

○ 同类赏析

在瓶颈部分贴上柠檬图片,就像水果漂浮在水中,一抹清晰绿色向消费者强调着简单、清新、自然的味道。

	CMYK 51,12,90,0	RGB 148,189,59
	CMYK 72,35,97,0	RGB 86,139,59
	CMYK 43,16,88,0	RGB 169,190,59
	CMYK 0,0,1,0	RGB 254,254,252

○ 同类赏析

这款植物茶的包装设计通过插图展示了产品的天然成分;通过深深浅浅的绿色让消费者了解丰富的原材料,直接感受到茶的香气和味道。

	CMYK 87,52,95,18	RGB 30,97,56
	CMYK 71,22,84,0	RGB 80,158,83
	CMYK 12,25,70,0	RGB 237,200,93
	CMYK 41,8,26,0	RGB 165,208,199

2.3.5 青色

　　青色是介于绿色和蓝色之间的一种颜色，即发蓝的绿色或发绿的蓝色，属于电磁波里可见光的高频段，有点类似于湖水、翡翠、玉石的颜色，它有多个级别。

　　青色是一种底色，清脆而不张扬，伶俐而不圆滑，清爽而不单调。在我国古代社会，青色具有极其重要的意义，象征着坚强、希望、古朴和庄重，这也是传统的器物和服饰常常采用青色的原因。

豆青
CMYK　49,1,80,0　　　　RGB　150,206,83

葱青
CMYK　74,0,96,0　　　　RGB　14,184,59

青翠
CMYK　66,0,70,0　　　　RGB　0,224,120

青色
CMYK　65,0,54,0　　　　RGB　0,225,159

翡翠色
CMYK　61,0,47,0　　　　RGB　61,225,174

玉色
CMYK　63,0,52,0　　　　RGB　45,223,163

缥
CMYK　50,0,46,0　　　　RGB　127,235,173

石青
CMYK　55,0,46,0　　　　RGB　122,207,166

碧色
CMYK　67,0,49,0　　　　RGB　28,209,166

○ 同类赏析

该洗发产品以植物果实为提取物，特意采用石青色的塑料包装瓶，在自然光下可带给人亲和感，简约风格一目了然。

	CMYK	49,14,39,0	RGB	145,190,169
	CMYK	31,31,20,0	RGB	188,176,186

○ 同类赏析

该产品为啤酒蒸馏液，主打味道清淡可口，在包装设计上利用淡青色的原料插图可展现饮料的纯度。

	CMYK	55,19,46,0	RGB	129,177,151
	CMYK	23,1,23,0	RGB	208,233,211
	CMYK	54,15,41,0	RGB	130,185,164
	CMYK	83,64,75,35	RGB	46,69,59

○ 同类赏析

这款来自巴西的啤酒饮料，其包装标签背景色调杂糅了多种青色和翠色，带给人缥缈的神秘感，向消费者暗示产品的不凡口味。

	CMYK	0,0,0,60	RGB	137,137,137
	CMYK	65,42,69,1	RGB	110,134,98
	CMYK	88,77,94,71	RGB	12,23,9
	CMYK	20,8,29,0	RGB	216,225,194

○ 同类赏析

为展示这款手工面包，设计师选择解构的面包成分，放于青色的包装背景下，达到色调与成分的统一。

	CMYK	32,11,57,0	RGB	193,209,134
	CMYK	15,10,7,0	RGB	223,226,231
	CMYK	77,55,88,20	RGB	70,94,58
	CMYK	71,57,100,22	RGB	84,92,43

2.3.6 蓝色

　　蓝色是光的三原色和心理四色之一，是冷色调中最冷的色彩。其对比色是橙色和黄色，邻近色是绿色和紫色。

　　蓝色非常纯净，通常让人联想到海洋、天空、湖水、宇宙，表现出一种晴朗、美丽、梦幻、冷静、理智、安详与广阔的意境。在商业设计中，常用蓝色强调科技、效率的商品或企业形象。

蔚蓝
CMYK 48,0,13,0　　　RGB 112,242,255

蓝
CMYK 62,0,8,0　　　RGB 68,206,245

碧蓝
CMYK 57,0,24,0　　　RGB 62,237,232

石青
CMYK 81,40,27,0　　　RGB 23,133,170

靛青
CMYK 83,46,19,0　　　RGB 23,124,176

靛蓝
CMYK 94,71,41,3　　　RGB 7,82,121

群青
CMYK 72,38,26,0　　　RGB 76,141,173

宝蓝
CMYK 79,66,0,0　　　RGB 75,92,196

花青
CMYK 100,92,41,2　　　RGB 1,52,115

○ 同类赏析

该款代餐饼干以年轻人作为消费群体，包装设计上通过深浅不同的蓝色绘制出一个色彩斑斓星空背景，从视觉上体现了零负担。

	CMYK 100,98,41,0	RGB 15,35,121
	CMYK 69,31,12,0	RGB 80,156,205
	CMYK 80,55,23,0	RGB 63,111,160
	CMYK 57,73,0,0	RGB 140,88,170

○ 同类赏析

这款草本药品来自希腊，包装设计上以插图的方式将生产过程展示给消费者，并通过蓝色的背景让人联想到美丽的爱琴海。

	CMYK 74,24,11,0	RGB 35,162,213
	CMYK 32,37,83,0	RGB 193,163,64
	CMYK 82,82,75,62	RGB 34,28,32

○ 同类赏析

这是某品牌伏特加的限量版包装设计，作品以"白帆"为主题，深蓝色的海浪翻滚，体现的是竞争、勇敢的精神，专为球迷消费者设计。

	CMYK 92,91,44,11	RGB 48,51,98
	CMYK 84,76,25,0	RGB 66,78,138
	CMYK 85,59,27,0	RGB 41,103,151
	CMYK 78,62,48,4	RGB 76,96,115

○ 同类赏析

该款朗姆酒包装设计以"海洋故事"为主题，主色调为蓝色，通过深浅变化的蓝色勾勒出海洋轮廓，讲述古老的传说，让人感受到厚重。

	CMYK 84,53,0,0	RGB 15,113,212
	CMYK 89,63,3,0	RGB 0,96,181
	CMYK 78,32,7,0	RGB 3,148,211
	CMYK 38,43,62,0	RGB 177,150,105

2.3.7 紫色

紫色是二次色，属于中性偏冷色调，它是由温暖的红色和冷静的蓝色化合而成，是极佳的刺激色，巧妙运用可以使商品更显醒目、时尚。

紫色是一种高雅、富贵的色彩，与幸运和财富、贵族和华贵相关联，可通过花草和植物与自然有所关联，比如丁香、薰衣草、紫罗兰以及各种紫色的兰花。

黛紫
CMYK 76,83,46,9　　　RGB 87,65,101

紫色
CMYK 60,77,0,0　　　RGB 142,75,188

紫酱
CMYK 58,74,52,6　　　RGB 128,84,99

紫棠
CMYK 78,100,54,20　　　RGB 87,0,79

青莲
CMYK 68,90,0,0　　　RGB 128,29,174

丁香色
CMYK 27,41,0,0　　　RGB 204,164,227

绛紫
CMYK 53,84,57,8　　　RGB 140,67,86

酱紫
CMYK 60,75,41,1　　　RGB 129,84,117

雪青
CMYK 38,37,0,0　　　RGB 176,164,226

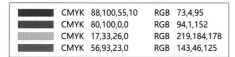

○ 同类赏析

为了模糊银行产品的严肃性，该信用卡的欢迎套件以紫色为主题色，配上个性化插图，体现奢华的同时又极具创新性。

	CMYK	88,100,55,10	RGB	73,4,95
	CMYK	80,100,0,0	RGB	94,1,152
	CMYK	17,33,26,0	RGB	219,184,178
	CMYK	56,93,23,0	RGB	143,46,125

○ 同类赏析

该手工冰棒包装设计以水果和其他配料的几何图形来吸引儿童的注意力，鲜艳的紫色背景增强了吸引力和对比性，并与图形保持统一风格。

	CMYK	68,80,5,0	RGB	115,73,157
	CMYK	71,0,34,0	RGB	0,193,193
	CMYK	7,0,0,5	RGB	225,243,243
	CMYK	53,12,0,56	RGB	53,99,112

○ 同类赏析

该品牌饮料来自瑞典，包装设计通过插画体现意趣，以紫色为主色调进行颜色拼接，让消费者看到在典雅之上的活泼。

	CMYK	89,100,35,2	RGB	67,35,111
	CMYK	71,91,0,0	RGB	111,43,156
	CMYK	17,0,4,0	RGB	221,250,255
	CMYK	84,74,21,0	RGB	65,80,145

○ 同类赏析

该款啤酒包装设计从日本文化中找到灵感，以紫色为背景色，将复古的漫画风格展现出来，给人一种振奋精神的力量。

	CMYK	92,100,57,28	RGB	46,24,73
	CMYK	11,61,46,0	RGB	232,130,118
	CMYK	22,26,30,0	RGB	208,191,175
	CMYK	56,88,44,2	RGB	139,61,103

2.3.8 黑白灰

　　黑白灰是指黑、灰、白三色，属于无色系（中性色），三者既对立又有共性，各自的关系就是色彩的明度关系。

　　灰色介于黑色和白色之间，是黑色的淡化、白色的深化，它具有黑、白二色的优点，更具有高雅、稳重的风韵。它最大的特点是可以与任何色彩搭配，象征诚恳、沉稳、考究。黑色常代表空、无、永恒的沉默，而白色则代表纯粹、虚无、有无尽的可能性。

煤黑
CMYK　75,77,82,58　　RGB　48,37,31

漆黑
CMYK　90,87,71,60　　RGB　22,24,36

黑色
CMYK　93,88,89,80　　RGB　0,0,0

缁色
CMYK　69,78,73,43　　RGB　73,49,49

黝黑
CMYK　66,66,62,14　　RGB　101,87,86

黛
CMYK　66,64,79,25　　RGB　93,81,59

灰色
CMYK　57,48,45,0　　RGB　128,128,128

苍色
CMYK　61,43,42,0　　RGB　117,135,139

花白
CMYK　28,17,16,0　　RGB　194,203,208

○ 同类赏析

该橄榄油包装设计以简洁为主，用黑色表现克里特岛肥沃的土地，用白色橄榄树叶代表阳光普照下的橄榄树。

	CMYK 7,3,1,0	RGB 241,246,250
	CMYK 90,85,85,76	RGB 8,8,8

○ 同类赏析

该款奶制品采用全黑色包装设计，吸引顾客在通常全白的牛奶货架上注意到该产品，这样的神秘感能吸引客户继续了解产品。

	CMYK 89,85,83,74	RGB 12,12,14
	CMYK 14,11,11,0	RGB 226,225,223

○ 同类赏析

该包装设计主题为"日与夜"，采用黑、白两色对比来突出主题，并用黑夜中星辰的变化体现从白天到黑夜的动态变化。

	CMYK 91,88,82,75	RGB 7,6,12
	CMYK 21,16,14,0	RGB 209,209,211
	CMYK 77,72,66,32	RGB 66,64,67

○ 同类赏析

一张哑光纯白帆布作为包装背景，奠定了极简主义的基调，再加上特殊的字体设计，灰、白交错中营造出一种高级的时尚感。

	CMYK 31,23,21,0	RGB 188,189,191
	CMYK 65,56,52,2	RGB 109,110,112

2.4 商品包装色彩的视觉形象

我们都知道不同的色彩有不同的文化含义，也是表达各种情绪的符号。在选择某种颜色作为背景色时，其实就已经为包装树立了基础的视觉形象。因此，在确定包装主题后，要用与主题相符的颜色进行搭配。

2.4.1 高雅

想从包装上体现产品的高雅，就要避免选择亮色系的颜色，多用紫色、黑白灰来渲染包装主题，且不能运用太多色彩元素。因为杂乱与高雅是互相对立的，颜色越单一，越能给人庄重、典雅的感觉。

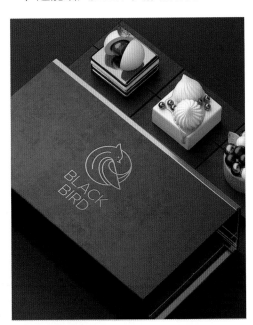

○ 思路赏析

◀该品牌的招牌甜点走的是高档路线，客户购买可作为礼品赠送，包装上并未设计复杂的插图，仅采用多种配色，以简单、不失格调为主。

○ 配色赏析

以黑色紧扣品牌名称"黑鸟"，再于包装边缘搭配金色与产品标签衬托，典雅之余不至单调。

	CMYK 78,72,62,27	RGB 67,67,75
	CMYK 1,20,39,0	RGB 255,218,165
	CMYK 3,17,39,0	RGB 252,223,167

○ 设计思考

凡是限量版或高档产品，都要借机突出品牌，设计师应在包装正面某处印上产品标志和产品名称，无论文字的颜色还是图形的颜色在背景色上都不能突兀。

○ 同类赏析

◀左图为某护肤品的包装设计，其主要原料是洋甘菊精华，以棕色的包装瓶和金黄的文字区域突出时间感和沉淀感。

右图为一款葡萄酒的包装设计，为了▶强调人与酒之间的关系，设计师通过绘制干净、优雅的人物形象与花卉图案融合，体现了产品的双重性。颜色搭配巧妙，一切都水到渠成。

	CMYK 56,69,70,14	RGB 124,86,73
	CMYK 31,35,44,0	RGB 190,169,142

	CMYK 54,97,100,41	RGB 102,24,20
	CMYK 57,48,60,1	RGB 131,129,106
	CMYK 22,44,58,0	RGB 211,159,11
	CMYK 29,28,19,0	RGB 193,183,191

2.4.2 美味

对于美食的包装最重要的是体现产品的美味，让消费者能对产品产生食欲。因此包装设计不能太过单调，或颜色过于单一。我们都知道，鲜艳的颜色更符合食物本身的颜色，如绿色的青椒、黄色的玉米等，一般应根据食品特性或原材料选择对应的颜色。

CMYK 2,25,23,0	RGB 250,209,191	CMYK 37,0,13,0	RGB 172,227,234
CMYK 9,92,83,0	RGB 232,47,45	CMYK 0,73,82,0	RGB 252,104,42

○ 思路赏析

为了展示三明治的外形和食材，该食品采用半透明的包装，包装设计上通过插图的形式让食材形象化，如三文鱼三明治的包装上画了三文鱼的简笔画，更显得妙趣横生。

○ 配色赏析

该产品的系列包装，按照不同的颜色划分食材，蓝色是鸡肉，橙色是三文鱼，粉色是猪肉，丰富的色彩容易激发消费者的食欲。

○ 设计思考

在设计熟食或即食产品时，设计师要考虑的关键性问题就是激发消费者的食欲，并推广品牌，而色彩和食材本身就是最关键的要素。

	CMYK 100,98,58,19	RGB 0,32,85
	CMYK 13,76,100,0	RGB 228,93,1
	CMYK 75,90,93,72	RGB 37,7,0
	CMYK 19,63,44,0	RGB 215,124,121

	CMYK 32,0,54,0	RGB 189,252,148
	CMYK 0,83,93,0	RGB 255,73,1

为了让冰激凌看起来好吃，包装设计上使用后现代配色方案，主要是明亮的蓝色、奶油色和温暖的粉色，能让人产生怀旧之感，波浪形设计既年轻又精致。

○ 同类赏析

为了反映生活中的乐趣，保持戏谑的精神，该款冰激凌的包装设计以明亮、天真的绿色文字作为标记，通过橙色背景色获得眼花缭乱的效果。

○ 其他欣赏 ○   ○ 其他欣赏 ○   ○ 其他欣赏 ○

2.4.3 清爽

　　产品的不同风格对包装设计有一定的限制。对于夏日饮料、纯净水、化妆水等产品，清爽风格是非常常见的设计风格，可以从一定程度上加深消费者对产品的印象，同时也符合大众对产品形象的要求。而在色彩运用上，多用青、蓝相近的颜色以营造清爽之感。

	CMYK 9,29,44,0	RGB 239,197,149		CMYK 62,57,55,3	RGB 118,110,107
	CMYK 47,65,68,3	RGB 156,105,84		CMYK 54,36,72,0	RGB 139,150,94

○ 思路赏析

该酒精饮料不同于烈性酒，是低酒精植物混合物，所以在包装设计上以草本植物为核心，展开设计突出其原材料，并从中反映品牌"颂扬自然乐观主义"的精神内涵。

○ 配色赏析

画面采用大胆的、流行的黄色代表阳光，以绿色作为背景颜色，展示繁茂的绿叶，为消费者呈现一个"绿色花园"的丰富意象。

○ 设计思考

饮料是否爽口对消费者来说十分重要，用较为清新的绿色搭配其他相近颜色，能很好地营造清爽感，尤其在夏天能带来视觉上的休息。黄绿撞色也极具现代感，将邀请任何怀疑者来尝一口。

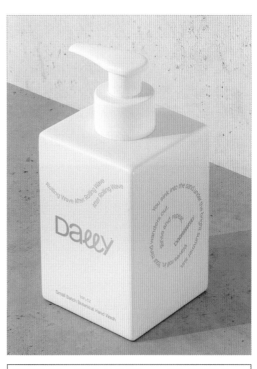

	CMYK	100,97,50,22	RGB	24,39,82
	CMYK	3,59,43,0	RGB	246,138,126
	CMYK	2,36,16,0	RGB	248,189,193
	CMYK	17,82,81,0	RGB	219,79,52

	CMYK	18,40,78,0	RGB	223,168,69
	CMYK	16,9,11,0	RGB	221,227,227

○ 同类赏析 ▲

该款营养补充剂面向女性消费者，设计师利用各种粉色图形和丰富的蓝色字体设计包装，创作出舒爽、平易近人的设计作品。

○ 同类赏析 ▲

白色的立方体包装在家里任何角落都能很好地混合，蓝色的圆形时钟状的文字排列，懒洋洋地印在包装上，让消费者有自然、放松之感。

○ 其他欣赏 ○ **○ 其他欣赏 ○** **○ 其他欣赏 ○**

2.4.4 华丽

　　华丽风格是包装设计中常见的风格，尤其需要色彩的渲染。通过多种色彩的和谐搭配，可让包装与众不同。一般来说，在体现产品个性或价值时，应考虑华丽风格，让消费者看到产品与众不同的一面。

○ 思路赏析

▶ 该威士忌包装设计以"诱惑"为主题，从爱尔兰传说中获得灵感。蛇作为传说中黑暗和欲望的化身，与主题十分符合。

○ 配色赏析

棕黄色的蛇蜿蜒在亮蓝色的品牌标志之间，色彩明暗对比使意象既迷人又华丽。

	CMYK	RGB
	68,0,26,0	2,204,214
	59,83,74,35	99,51,51
	27,80,69,0	200,83,73
	86,47,44,0	3,118,136

○ 设计思考

设计酒类产品包装要注意抽象感，尤其是饮用之后的感觉应该重点表达，一般应以爽口、迷幻、解脱为主。

○ 同类赏析

▶ 左图为一款陈年朗姆酒的包装设计，品牌名称上方的金色徽章非常迷人，与复杂的浮雕相搭配，奢华的装饰让它变得更高级。

该品牌的产品系列以高档威士忌和波▶旁威士忌为特色，包装设计描绘了一条穿过西南沙漠的公路，红色的风景融入了夕阳之中，绚烂的色彩展现一种冒险和体验的视觉精神。

	CMYK	RGB
	95,78,46,10	20,68,104
	90,66,99,53	16,51,27

	CMYK	RGB
	4,20,62,0	254,215,112
	7,92,100,0	237,46,2
	25,41,76,0	207,161,76
	24,90,100,0	206,56,6

第 3 章

包装设计的文字与图形设计

学习目标

包装设计的两大元素——文字和图形，在产品包装中所占比例极大，设计人员要利用好这两大元素，掌握不同的设计方式，这样可极大程度地丰富设计思路，为产品设计出符合其特征的设计图。

赏析要点

手写体	象征性图形
图形字体	标志图形
文字在包装上	装饰图形
的视觉美感	产地信息形象
文字与商品的	消费者
统一性	原材料形象
文字可识别	插画
实物图形	摄影

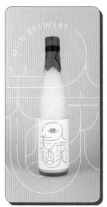

3.1 包装字体类别

　　通过前面的一些介绍，我们都知道文字是包装设计的一大重要元素，而字体设计也包括在包装设计内。字体既可以增强包装的有趣性和吸引力，也能引导消费者注意有关产品的重要信息。

　　包装设计的字体类别有很多，主要可分为手写体和图形字体两种类别。

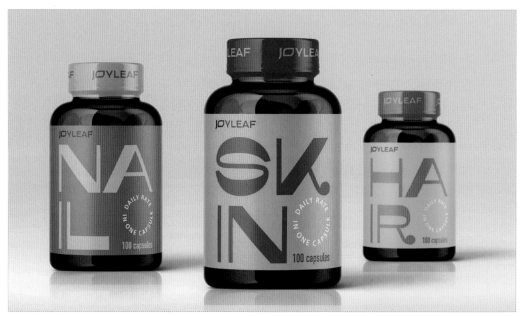

3.1.1 手写体

　　我们常见的包装字体多是规范印刷的字体，传递产品信息较为准确，不过考虑到设计元素的需要，手写字体开始渐渐流行起来。手写字体风格多变，既易于识别，又有独特性，用作推广品牌非常有效。

	CMYK 12,98,100,0	RGB 228,5,8		CMYK 13,10,10,0	RGB 228,228,228
	CMYK 90,85,85,76	RGB 8,8,8		CMYK 2,1,1,0	RGB 251,251,251

○ 思路赏析

像可口可乐这样的品牌，其外包装元素，如企业红色、仿形瓶、定制文字标记等都被消费者所熟知。为了让包装重新焕发生机，可口可乐决定去掉其典型包装以及标志性的品牌字体。

○ 配色赏析

在包装配色上延续可口可乐的品牌颜色，以红色的背景色加上白色的标志性字体。不过，也新推出了灰白色外包装加红色字体的设计，还是以加深品牌印象为主。

○ 设计思考

可口可乐意在通过包装传播力量和希望，所以通过不同的短语为消费者提供个性化的选择，并在短语中间留出空白部分，填列特殊字体，如"I'm not the best at ＿＿＿ but I'll try."

	CMYK 69,75,77,44	RGB 71,52,45
	CMYK 16,41,71,0	RGB 225,167,83

	CMYK 64,0,37,0	RGB 3,223,198
	CMYK 8,27,46,0	RGB 241,200,146

○ 同类赏析 ▲

棋盘格饼的包装选取相近色调，金箔烫金的技术表现出棋盘状的视觉表现，商品名称书写小巧可爱，返璞归真，更显点心的风格。

○ 同类赏析 ▲

该款苏打水以地区文化为包装设计理念，无论是插图还是字符都成为文化的主导部分，定义了加州的生活方式。

| ○ 其他欣赏 ○ | ○ 其他欣赏 ○ | ○ 其他欣赏 ○ |

3.1.2 图形字体

图形字体是非常有设计感的一种字体，设计人员将图形与字体融合在一起，既传递了文字信息又对包装进行了设计。无论从色彩上还是形状上，图形字体都能完美地融入整体的包装设计中，既美观又极具特色，所以成为很多设计师的选择。

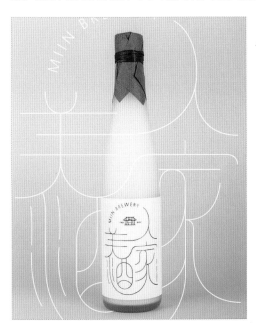

○ **思路赏析**

◀位于韩国济州岛的酿酒品牌"MIIN"，在韩语中是美女的意思。为了推广自己，包装设计采用汉字进行书写。

○ **配色赏析**

为了搭配米酒色调，采用浅色系设计包装，香醇浓白的米酒盛在透明玻璃瓶中，与粉白色的包装互相衬托，更显米酒的美味。

	CMYK	11,19,18,0	RGB	232,214,204
	CMYK	68,64,47,3	RGB	105,98,114
	CMYK	74,84,65,43	RGB	66,42,55

○ **设计思考**

在包装上绘制了带有汉字的酿酒厂地图，通过汉字复杂的曲线，加之金线烫印，可传递美的意象。

○ **同类赏析**

◀该快餐品牌看重食物的自然风味，坚信在烤架上新鲜出炉的风味，包装的主要标志为受烤架启发的图形，与品名结合，简单而特殊。

该款杜松子酒是口味独特的混合酒▶精，为了体现植物对口味的神秘影响，将数字印刷的标签隐在多色渐变、花鸟植物混合的各种元素中，让消费者感受到混合的视觉效果。

	CMYK	52,82,83,22	RGB	126,62,50
	CMYK	53,55,65,2	RGB	140,118,94
	CMYK	52,76,77,17	RGB	131,75,60

	CMYK	82,30,100,0	RGB	8,141,22
	CMYK	8,11,24,0	RGB	240,229,201
	CMYK	84,63,0,0	RGB	46,96,209
	CMYK	0,44,80,0	RGB	255,170,53

3.2 产品包装文字设计原则

　　作为包装设计中的一大要素，文字的设计也要遵循一定的原则，要是天马行空般地设计，很容易打破整体的平衡感。另外，不同于图形和色彩，文字传递的信息更加直观。如果设计风格与文字信息不同，就会产生突兀感。一般来说，文字设计要有视觉美感以及可读性和整体性。

3.2.1 文字在包装上的视觉美感

无论包装的类型或主题是什么，在视觉传达的过程中，都要给人美的观感，让消费者觉得舒服、有趣、自然，在看到包装时有正面的反馈。要做到这一点，应契合现代审美的需求，而关注文字的美学设计，而不是简单地将图形、文字以及颜色叠加在一起。

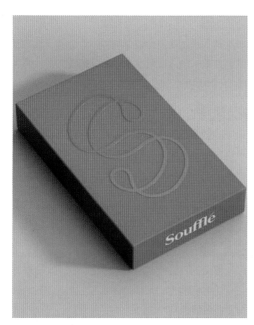

○ 思路赏析

◀对于法国人来说，炊具是制作美食不可或缺的工具，为了安全、环境等因素，包装是无塑料的，并使用特殊工艺材料来保护包装内的物品。

○ 配色赏析

包装的颜色设计，其灵感来自法国艺术、食物和风景，核心品牌颜色是法国群青，还有橘黄，纯色系的包装为品牌形象的大气有所加分。

	CMYK 0,79,84,0	RGB 248,88,40

○ 设计思考

品牌标识在包装正中，为定制的文字标记——一个大写的"S"，在设计上像极了音符，带来了玩耍的感觉，增强了烹饪的乐趣。

○ 同类赏析

◀左图为了体现可爱的风格，在品牌标志和品名上都下足了功夫，用两种不同的颜色对比体现跳脱感，再对字体和文字角度进行特殊设计。

这是位于墨西哥的快餐品牌，为了致敬过去的美食传统，采用了怀旧的字体，让人想起过去的必胜客字体。字体颜色是番茄酱红，属于快餐品牌的标志性颜色。▶

	CMYK 79,82,63,39	RGB 58,47,61
	CMYK 47,65,2,0	RGB 159,108,177
	CMYK 53,38,33,0	RGB 136,149,158
	CMYK 52,60,59,2	RGB 143,111,100

	CMYK 16,90,58,0	RGB 221,53,81

3.2.2 文字与商品的统一性

　　文字在整个包装设计中是不可缺少的一部分，文字设计也要与整体风格相统一。如大气简单的字体适合高端上档次的包装，俏皮可爱的字体适合搭配卡通插画，书法字体适合古朴厚重的包装等。

○ **思路赏析**

◀这是一种精致的混合发酵麦芽酒，由于使用了日本传统的清酒酵母，所以在包装上以日式风格为主，使用了传统的日本插图元素。

○ **配色赏析**

包装设计的细节在配色中体现得淋漓尽致，金色的鳞片在青褐色与铁锈色之中形成鲜明反差，很有日本浮世绘的风格。

	CMYK 43,100,100,10	RGB 160,23,31
	CMYK 98,82,62,40	RGB 4,45,63
	CMYK 16,40,57,0	RGB 223,170,116

○ **设计思考**

为了配合包装的日式风格，采用金箔标记文字信息，并采用手工雕刻的方式来体现日本书法之美，在色彩上也与金色鱼鳞相互呼应。

○ **同类赏析**

◀为了让该伏特加品牌给消费者留下深刻的印象，将品名设置成拱形，下面有一幅逗趣的插图，文字与图画结合凸显出澳大利亚的风情。

这个阿根廷蜂蜜品牌认为低调最有▶效、最实际，利用了人们对蜂蜜的联想，将琥珀色、亮黄色和白色3种颜色运用在品名标签上，并设计了养蜂人的线条，十分和谐。

	CMYK 64,14,61,0	RGB 100,176,127
	CMYK 6,17,81,0	RGB 254,219,53
	CMYK 46,42,37,0	RGB 155,146,147

	CMYK 8,32,86,0	RGB 246,189,37
	CMYK 48,76,100,14	RGB 144,78,26
	CMYK 29,43,98,0	RGB 200,154,16

3.2.3 文字可识别

文字信息不同于其他信息，不是让人接收到大概的感觉就行了，在文字设计上要以传播信息为最主要的目的。如果因为美观、设计感而忽略了可读性，让文字难以识别，这就本末倒置了。

○ 思路赏析

◀这款来自加州的葡萄酒，为了增加销量，从一众产品中脱颖而出，受加州文化的启发，用丰富多彩和充满活力的图案引人注目。

○ 配色赏析

用柔和的粉红色、蓝色和深玫瑰色来表达对加州生活方式的认同。图案中细微的金线穿过裂缝，体现了对该地区的浓烈情感。

	CMYK	RGB
	90,85,0,0	52,46,178
	0,49,30,0	255,163,156
	0,18,10,0	254,224,222

○ 设计思考

蓝色的品名与图案颜色、密封处包装颜色一致，在黄色与粉色之间凸显，深浅对比能让人清楚地看到该文字标志。

○ 同类赏析

◀这款瑞典杜松子酒采用棕色瓶身，用羊皮纸来呈现有关信息。工匠可在下面的空间，写下品尝记录和批次信息，可吸引消费者的注意力。

右图为某手工蜡烛产品，以海滩为主▶题，希望能给消费者带来一丝平静和爱意。手写广告语以蓝色为主色调，印在玻璃瓶上，既能清楚传递信息，又可让人联想到海滩。

	CMYK	RGB
	43,87,82,8	160,63,56
	71,58,75,18	85,93,72
	82,56,77,20	53,92,71
	20,36,74,0	219,174,80

	CMYK	RGB
	84,49,1,0	2,119,199
	70,0,31,0	0,198,201
	46,7,18,0	149,206,215
	88,59,0,0	6,102,189

3.3 图形表现内容

　　很多情况下设计师都会通过图形来表达设计理念和产品特色。作为包装设计的重中之重，图形设计与包装的产品之间是有密切关联的，如果不管产品和品牌特色，天马行空般地设计是没有意义的，也不能对产品产生实际的正面作用。产品包装的图形设计一般可分为抽象和具象两大类，设计师要结合具体情况来选择。

3.3.1 实物图形

将产品的实际形象展示在包装上是常见的设计方法，通过摄影或写实的插画可对产品原有外观进行美化，让消费者直观地了解产品的外形、材质、美学标准，对产品有好的印象。更有甚者，直接在包装上开放透明部分，让消费者透过包装看到产品实质部分，从而产生视觉上的冲击力。

	CMYK 13,49,91,0	RGB 230,152,28		CMYK 52,30,67,0	RGB 142,161,105
	CMYK 40,94,95,6	RGB 169,46,41		CMYK 61,89,96,55	RGB 74,27,17

○ 思路赏析
该款果蔬饮料来自亚美尼亚，由于该国的地形特点，其产出水果更丰富，为了向客户传递"天然果汁零添加"的特点，特意采用透明玻璃装瓶，让消费者直接看到产品的色泽。

○ 配色赏析
亚美尼亚丰富的水果产品自带色泽，所以设计师并未画蛇添足，而是直接展示水果提取物的本来色彩。

○ 设计思考
直接以水果实物图为标签插图，消费者通过包装图形就能判断产品原材料，避免了文字传播信息的复杂性，且能与"天然"的主题相互呼应。

	CMYK 97,79,59,31	RGB 7,54,74
	CMYK 69,43,35,0	RGB 95,133,152
	CMYK 43,21,19,0	RGB 160,186,199

	CMYK 73,17,40,0	RGB 47,167,166
	CMYK 0,34,43,0	RGB 255,192,146
	CMYK 49,41,53,0	RGB 150,145,121

◎ 同类赏析 ▲

这是一款砂锅，由于非常常见所以包装上不需要太多关于它的信息，通过高质量产品图片即可让消费者感知砂锅外观，看到产品的质感。

◎ 同类赏析 ▲

该品牌面包店，主要制作各种美味的甜品。为了表达对食物的爱和对顾客的关心，直接展示产品实物图，既可以表达对产品的信心，又能吸引顾客的注意力。

◎ 其他欣赏 ◎　　　　◎ 其他欣赏 ◎　　　　◎ 其他欣赏 ◎

3.3.2 象征性图形

除了中规中矩地展示产品形象，设计人员还可以借用比喻、联想、象征等表现手法塑造商品包装图形，突出商品的亮点或功能。尤其对于商品本身形态不能直观呈现的商品，更要利用想象力传递商品的特色，如液体类商品，设计师只能通过对饮用产品的情境进行想象才能获得消费者的关注。

| | CMYK 2,27,17,0 | RGB 249,206,200 | | CMYK 34,30,58,0 | RGB 187,176,120 |
| | CMYK 0,1,7,0 | RGB 254,252,237 | | CMYK 4,38,51,0 | RGB 246,181,127 |

○ 思路赏析

位于雅加达北部的一家蛋糕品牌，主要生产各种饼干、蛋糕和茶品。为了让消费者将商品选作礼品，该品牌以"简单即是强大"为基本理念，让消费者感受生活的美好。

○ 配色赏析

由于是甜品包装，所以在颜色选择上以粉色、竹青色、黄色、橘色为主，不同的口味选用不同的主题色，以创造甜蜜、美味、多彩的氛围。

○ 设计思考

在具体的绘制中，围绕"轻盈的美味"的主题展开，通过"气球""拂尘"和"秋千"等图形元素对插图进行解释，突出每个包装上的角色，每个角色都代表不同的风味。

	CMYK	84,56,100,29	RGB	40,83,0
	CMYK	41,100,100,8	RGB	166,16,15
	CMYK	91,87,85,77	RGB	5,5,7
	CMYK	61,52,51,1	RGB	120,119,117

	CMYK	39,64,95,1	RGB	175,110,42
	CMYK	50,100,90,28	RGB	124,23,37
	CMYK	87,87,71,61	RGB	26,24,35
	CMYK	61,52,51,1	RGB	120,119,117

○ 同类赏析 ▲

这款杜松子酒由芹菜、樱桃和番茄混合而成，包装插图设计了一个晚宴场景，客人不断往蒸馏器内扔配料，红绿色配料似乎在不断向我们传达幽微的味道。

○ 同类赏析 ▲

以上插图以创造故事来与顾客建立情感纽带，生活在魔法森林中的鸟是快乐的象征，是对生命的庆祝，提醒人们这款朗姆酒来自神秘岛屿。

○ 其他欣赏 ○　　　**○ 其他欣赏 ○**　　　**○ 其他欣赏 ○**

3.3.3 标志图形

标志是商品销售过程中的身份象征，能传播品牌信息、突出品牌特征，让消费者对产品产生信任感，如商标和企业标志。很多企业对设计师会有要求，让其将企业标志插入到包装图形中。所以，将标志图形完美融合到设计中是需要仔细考虑的问题。

○ **思路赏析**

◀该款葡萄酒来自一个历史悠久的葡萄庄园，设计师通过讲述庄园的故事，向新一代消费者展示出该款酒的价值和奢华感。

○ **配色赏析**

为了体现产品的经典，特意选用了一个沉重的磨砂玻璃瓶，标签上的铜箔元素和玻璃瓶结合在一起，古朴有质感的颜色提供了视觉上的优质体验。

	CMYK 49,76,100,16	RGB 140,75,7
	CMYK 9,9,13,0	RGB 236,232,223
	CMYK 8,33,60,0	RGB 242,189,113

○ **设计思考**

为了更好地讲述庄园的历史，以庄园中的典型植物绘制插图，采用新的技术深深地压印在标签上，在灯光下观赏时能够感知到品牌的力量。

○ **同类赏析**

◀该系列产品包装设计以4罐为一组，每个标签都有一个关于啤酒名称历史的小故事。左图为传说中的通灵马。

葡萄藤生长的土壤是这种葡萄酒的主▶要特征，标志着其特有的风味。包装插图通过暴露在极端天气下的土地和葡萄藤向消费者讲述了该系列产品产出的不易。

	CMYK 19,26,79,0	RGB 223,193,71
	CMYK 76,70,69,36	RGB 63,63,61
	CMYK 73,67,63,21	RGB 80,78,79

	CMYK 24,37,73,0	RGB 210,170,83
	CMYK 58,44,49,0	RGB 127,134,126
	CMYK 25,32,60,0	RGB 206,178,115
	CMYK 85,72,96,63	RGB 23,36,18

3.3.4 装饰图形

装饰图形是设计师对美学的追求，通过美轮美奂的插画、图形或装饰纹样为包装添加设计感、艺术感。不过，设计的图形也好、纹样也罢，都应与产品产生关联，或是地域文化，或是食品文化，这些元素可有效地突出产品的特殊性。

	CMYK 31,82,100,0	RGB 193,77,26		CMYK 97,81,38,3	RGB 16,68,118
	CMYK 82,48,17,0	RGB 33,122,178		CMYK 89,62,16,0	RGB 15,98,164

○ 思路赏析

葡萄牙的熟食生产商为了推出一系列新的鱼罐头，从葡萄牙人民的传统和文化出发，通过绘制插图来吸引消费者。

○ 配色赏析

以典型的葡萄牙瓷砖的颜色为主题色系，在表现形式上以捕鱼的经过为插图内容，配合深浅不同的蓝色，衬托情境。再通过橙色点缀，冷暖色系的对比让插图更有生命力。

○ 设计思考

设计的创意除了装饰产品，还通过插图歌颂了葡萄牙的劳动者。以传统捕鱼的典故将产品与葡萄牙的文化连接起来，突出了产品的原产地，以及丰富的产品文化。

| | CMYK 100,93,6,0 | RGB 1,23,169 |
| | CMYK 76,19,100,0 | RGB 49,158,31 |

	CMYK 78,59,55,7	RGB 73,98,105
	CMYK 68,68,85,37	RGB 79,67,45
	CMYK 33,86,100,1	RGB 189,69,32
	CMYK 53,61,81,9	RGB 135,103,65

由于小猫咪与牛奶有着天然的联系，所以能给人带来平静、幸福的感觉。该乳制品牌通过打造一款可爱、别致的猫咪卡通图案令人无法抗拒。

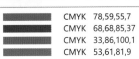

想要通过包装重塑品牌，让消费者看到新的未来，就必须绘制极具创意的插图，消除葡萄酒的经典刻板印象，在包装上赋予叛逆和时髦。

○ 其他欣赏 ○   ○ 其他欣赏 ○   ○ 其他欣赏 ○

3.3.5 产地信息形象

很多产品极具地域特色，其产地就是其本身的标志，是产品自身特色的一部分。所以，在包装上体现地域风格和特色对消费者来说有一种莫大的吸引力，而且丰富的文化内涵和绚烂风光能够从视觉和美学的基础上赋予产品艺术基调。设计师应该善用产品的产地背景等信息，激发包装设计灵感。

	CMYK 54,11,7,0	RGB 122,196,233		CMYK 4,16,12,0	RGB 246,225,220
	CMYK 7,50,49,0	RGB 240,156,122		CMYK 60,56,88,9	RGB 121,109,59

○ 思路赏析

该款葡萄酒针对年轻的消费者，为了向其提供品牌体验，以亚美尼亚的阿拉拉特山为雏形制图，向消费者展示品牌独有的地域风格。

○ 配色赏析

白葡萄酒和红葡萄酒的标签虽然设计相同，但颜色不同。白葡萄酒是天蓝色的标签，反映其微妙的味道。赤陶色是红酒的首选，温暖而富有风味。

○ 设计思考

阿拉拉特山的手绘插图与大胆的字体形成对比，既保留了亚美尼亚古代酿酒传统的温暖，又富有现代性观感。

	CMYK	51,99,100,32	RGB	120,21,2
	CMYK	81,75,74,52	RGB	42,44,43
	CMYK	7,6,46,0	RGB	250,239,160

	CMYK	76,70,60,20	RGB	75,75,83
	CMYK	55,62,72,8	RGB	133,103,77

○ 同类赏析 ▲

花卉图案风格粗犷，黑白之间添加了金色点缀，赋予了产品故事感和地域文化性，对莫内维亚葡萄酒来说是一种复兴。

○ 同类赏析 ▲

该设计旨在告诉消费者希腊酒饮料的不同风味，使用与希腊传统文化密切相关的图像和符号，受古代黑色花纹容器的启发，带来视觉的复兴。

○ 其他欣赏 ○　　　　　○ 其他欣赏 ○　　　　　○ 其他欣赏 ○

3.3.6 消费者

很多产品是面向特殊消费群体的，为了获得这部分消费群体的青睐，很多品牌会设计与消费群体有关的包装内容，如消费群体的使用场景、消费群体的形象等，越是有针对性，越能获得促销的效果。

○ 思路赏析

◀该零食品牌专注于在不放弃产品价值的前提下为包装树立一个有趣的形象。该款甜品面向儿童群体，所以在包装上营造出一种美好、纯真的氛围。

○ 配色赏析

使用饱和且平和的颜色，给人以有趣、现代和与众不同的感觉。不同口味搭配不同的颜色，可给消费者留下多彩缤纷的印象。

	CMYK	57,97,11,0	RGB	141,33,135
	CMYK	18,83,93,0	RGB	217,76,33
	CMYK	78,77,72,50	RGB	50,44,46

○ 设计思考

使用复古的儿童形象作为包装的图形元素，能够吸引同龄的小朋友，也能让许多大人记得童年那些有趣的岁月，给包装一种复古的感觉。

○ 同类赏析

◀喝茶是俄罗斯最古老的传统之一，为了继续传承这项传统，该款产品以日常喝茶图景作为包装设计的主题，好像能与消费者对话。

该款葡萄酒以新潮、女性力量为制作▶理念，为了在女性消费群体中推广，以女性肖像作为包装主体，捕捉二维表面的深度和运动效果，制作出极具现代感的设计图。

	CMYK	13,34,10,0	RGB	226,185,203
	CMYK	83,76,22,0	RGB	69,77,142
	CMYK	16,22,54,0	RGB	228,204,132

	CMYK	91,88,88,79	RGB	4,0,0
	CMYK	22,29,38,0	RGB	210,186,158

3.3.7 原材料形象

如果产品的原材料极具地方特色，或是能体现产品的品质，将原材料形象绘制在包装上能够起到一定的促销作用。尤其对于那些看不出原材料的产品，此种方式能令消费者对产品特色有一定了解。

○ **思路赏析**

◀ 在亚美尼亚的乡村文化中，奶牛扮演着非常重要的角色，设计师可通过设计一个迷人和有影响力的形象，吸引客户的注意力，并与其建立情感联系。

○ **配色赏析**

明亮的彩色装饰旨在与包装的整体纯白色形成对比。此外，新的品牌标志和包装文字被选择为黑色，印在白色包装上易于识别。

	CMYK 19,18,54,0	RGB 221,207,134
	CMYK 45,16,73,0	RGB 162,189,96
	CMYK 21,50,16,0	RGB 211,151,177

○ **设计思考**

通过插图来展示奶牛的饲养环境，指出该品牌奶牛以干净的草和花为食，再用淘气的黄色小鸡来加以衬托，直接告诉消费者我们只生产高质量的乳制品。

○ **同类赏析**

◀ 左图是某款有机无添加干果产品，通过鲜花到果实的成熟过程告诉消费者产品是原始生长的，这样的健康食品更值得享用。

为了让大量的消费者接受这款新推出▶的蛋白零食，设计人员以"可视化"为原则进行包装设计，将制作的原材料印在包装的显眼位置，再以匹配的背景颜色作为主体颜色。

	CMYK 22,26,87,0	RGB 217,189,46
	CMYK 36,16,43,0	RGB 181,197,158
	CMYK 31,71,27,0	RGB 194,102,139
	CMYK 74,52,100,14	RGB 84,105,47

	CMYK 0,0,0,100	RGB 0,0,0
	CMYK 0,2,4,5	RGB 243,239,234
	CMYK 0,55,82,11	RGB 228,103,42
	CMYK 0,0,0,0	RGB 255,255,255

3.4 图形表现形式

图形就其表现形式可分为实物图形和装饰图形。实物图形一般通过摄影写真的方式来突出产品的真实形象，给消费者真实感；而装饰图形则是利用人物、风景、植物的形状或纹样作为包装的图形元素，表现包装的内容及特征，也可利用点、线、面的几何图形构成有关画面，与产品产生关联。

3.4.1 插画

插画是一种现代艺术形式，作为现代设计的一种重要的视觉传达形式，以其直观的形象性、真实的生活感和美的感染力，在现代设计中占有特殊的地位，已被广泛用于现代设计的多个领域。在包装设计上，插画既能绘制写实图形，又能归纳简化图形，更具想象力、随机性。

	CMYK 80,37,65,0	RGB 48,134,109		CMYK 39,40,62,0	RGB 174,153,106
	CMYK 64,72,23,0	RGB 120,90,144		CMYK 80,48,69,5	RGB 57,114,95

○ 思路赏析

众所周知，捷克共和国是著名的苦艾酒生产国，该款苦艾酒采用传统的配方，在包装设计上将捷克的文化与品牌结合起来，品牌标签受布拉格天文钟的启发而设计，该钟被称为Orloj。

○ 配色赏析

包装上运用了3种主要颜色，即森林绿、夜紫和沙霜，营造出一种神秘主义的深沉柔和氛围，从色彩上呈现了苦艾酒的风味。

○ 设计思考

设计标签的主要部分关联产品的主题：一个天文数字，幻想在星空上找到一个艾草星座，选择线性风格的插图，用极简主义很好地体现了品牌的视觉形象。

	CMYK	82,100,55,19	RGB	77,15,80
	CMYK	87,46,100,9	RGB	8,112,17

	CMYK	48,79,100,16	RGB	142,71,27
	CMYK	77,80,85,65	RGB	38,27,21
	CMYK	79,73,71,43	RGB	53,53,53
	CMYK	29,50,77,0	RGB	197,143,73

○ 同类赏析　　　　　　　　　　　　　▲

该款设计插图赋予了咖啡豆种植者自己的文化，是
各种拼贴的结合，包括传统元素、宗教和种植者的
面部特征，让消费者看到咖啡背后的故事。

○ 同类赏析　　　　　　　　　　　　　▲

以手绘插图中的简单形状和黑白图画之间的对比，
加上醒目的颜色，形成了一个引人注目的组合，描
绘出一幅既不失优雅又大胆的画面。

○ 其他欣赏 ○　　　　○ 其他欣赏 ○　　　　○ 其他欣赏 ○

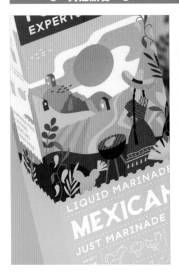

现代包装设计

3.4.2 摄影

摄影是指使用某种专门设备进行影像记录的过程，一般我们使用机械照相机或者数码照相机进行摄影。通过摄影能把面前真实的事物转化为不朽的视觉图像。其最大的特点是形象逼真，层次丰富。此外，还可进行复杂的特殊处理使图形有多种呈现方式。摄影运用于产品包装可真实表现产品品质。

	CMYK 63,0,10,0	RGB 50,208,245		CMYK 2,77,81,0	RGB 245,93,46
	CMYK 71,13,10,0	RGB 23,179,227		CMYK 73,30,91,0	RGB 78,146,69

○ 思路赏析

这是一款酸奶酱产品，主打卖点是脂肪含量只有7%。所以，在包装设计上也以传达酸奶的自然和轻盈为主要目标。

○ 配色赏析

由于品牌标志是一只蓝色的小猫，所以包装的主题颜色为蓝色，与品牌标志相协调。再通过纯白色的线条勾勒出一只展示舌头的牛，增添了趣味性。

○ 设计思考

在包装上印有美食图片，可直观告诉消费者产品的使用场景，能够在视觉上突出产品的美味，也能激发顾客对美食的幻想。

	CMYK 56,64,75,12	RGB 127,95,70
	CMYK 38,40,35,0	RGB 174,156,154

	CMYK 91,59,74,27	RGB 8,80,70
	CMYK 16,14,58,0	RGB 231,217,128
	CMYK 3,36,19,0	RGB 247,187,187
	CMYK 63,8,3,0	RGB 79,193,243

○ 同类赏析 ▲

这是一款高品质的蒸馏酒，受这种饮料的自然性所启发，通过树皮的纹理照片展示自然的特性，极简的设计强调了这款产品的优质品质。

○ 同类赏析 ▲

该品牌专注于通过健康的小吃传递各地的自然美景和文化意义，通过对不同种子、果实和样品的摄影图片表达从自然中得来的珍贵。

○ 其他欣赏 ○　　　**○ 其他欣赏 ○**　　　**○ 其他欣赏 ○**

第 4 章

包装设计的版面编排与设计实务

学习目标

包装设计说到底是对图形、颜色的运用，掌握不同的设计方式就能打开设计师的思路，对各种图形元素加以利用，如点、线、符号、花纹等。再加上包装版面的安排，无论是整体布局，还是细微处，都能让客户感受到包装设计者的良苦用心。

赏析要点

中心式
水平式
弧线式
倾斜式
散点式
懂得利用花纹
各种线的应用
图标和符号
复古风格
简约设计
暗喻的艺术

4.1 包装设计的版面布局方式

　　构图又称经营位置，即绘画时根据题材和主题思想的要求，把要表现的形象适当地组织起来，构成一个协调、完整的画面。在包装设计中指将商标、文字、图案和条码等构成一个整体，按照一定的构图或布局方式可以获得最佳的设计效果。包装设计的布局方式有很多，下面我们依次进行介绍。

4.1.1 中心式

顾名思义，中心式构图即将需要表现的主要元素置于画面的中心位置，起到主题明确、效果强烈的作用。有利就有弊，这种包装设计容易给人一种机械、呆板的视觉感受，也可能让人觉得沉闷。设计人员要懂得权衡利弊，结合产品的特点和设计主题选择中心式构图方式。

	CMYK 73,75,78,51	RGB 57,46,40		CMYK 8,9,11,0	RGB 239,234,228
	CMYK 27,23,25,0	RGB 196,193,186		CMYK 4,5,7,0	RGB 247,244,239

○ 思路赏析
摩洛哥是一个拥有独特而神奇的植物群的国家，几个世纪的经验使人们可以利用这些自然宝藏来展示它们的美丽，自然要在设计上突出典雅、神秘和历史感。

○ 配色赏析
以冷色调突出产品的格调，灰白的包装盒与棕黑色的标志部分形成反差，白色十字架标志在颜色上赋予了包装一种叠加感，告诉消费者摩洛哥的美是这样自然。

○ 结构赏析
画面采用中心式构图方式，以品牌图形标志为中心，包装周围用简单的文字信息加以衬托，暗示消费者注意其传递的摩洛哥文化，这与主题呼应，为品牌赋予了故事感。

○ 设计思考
品牌标志的灵感来自一个摩洛哥教堂，是摩洛哥精神风貌的一种展现，他们有自己的精神信仰，相信利用自然资源可以创造并丰富自己和周围人的生活，视觉上简单大气。

CMYK	31,91,73,0	RGB	192,55,65
CMYK	41,100,84,7	RGB	167,13,49

CMYK	87,81,49,14	RGB	54,63,96
CMYK	64,0,46,0	RGB	68,206,170
CMYK	0,55,24,0	RGB	250,148,159
CMYK	31,47,90,0	RGB	194,146,46

○ 同类赏析 ▲

该糕点品牌并不仅仅停留在甜蜜口味的追求上，更愿意探索更多实验口味，采用中心式构图方式突出品牌标志，并以倾斜字体来体现未来感。

○ 同类赏析 ▲

这是一只被裹在纸杯里的奶油独角兽，纸杯由现代主义、流行艺术的点缀和明亮的颜色制成，品牌标志凸显在正中，表达了邀请品尝的意思。

○ 其他欣赏 ○　　**○ 其他欣赏 ○**　　**○ 其他欣赏 ○**

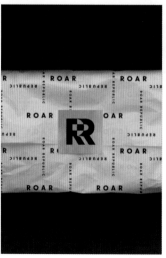

4.1.2 水平式

　　各元素采用横向排列形式即水平式构图，这种构图方式能够为画面带来安定和有力感，运用在包装上可让各图形元素变得更有规律。为了让画面不至于太过单调，设计师需要在平稳中找到变化，让人看到出彩的地方。

	CMYK	81,37,19,0	RGB	2,138,186		CMYK	85,37,84,1	RGB	3,131,82
	CMYK	5,6,52,0	RGB	255,240,145		CMYK	83,51,71,10	RGB	45,106,88

○ 思路赏析

这是一款康普茶，由于知道它的人相对较少，所以需要更广泛地宣传。要让消费者相信发酵过的东西，就必须在视觉上带给消费者可信赖的感觉。

○ 配色赏析

为了给水平式构图增添亮点，设计师可从颜色入手，通过白色部分与黄色部分或蓝色部分的对比，以提升产品的新鲜感和诱人度，使消费者能够在货架中快速注意到该产品。

○ 结构赏析

该包装构图采用水平结构方式，可分为两个板块，具有不同的信息传递作用，通过空间和对称给人带来平静的感觉。包装最上面突出的半圆形消除了构图的沉闷感，并突出了品牌标志。

○ 设计思考

强调可信度要从方方面面做起，首先在包装上要有一些基本的文字信息，如咖啡因含量等。然后利用构图来体现专业和正规，并对信息进行详细分类。

	CMYK 22,92,86,0	RGB 210,52,46
	CMYK 51,23,28,0	RGB 138,175,181
	CMYK 40,31,59,0	RGB 173,169,118
	CMYK 24,43,61,0	RGB 207,158,106

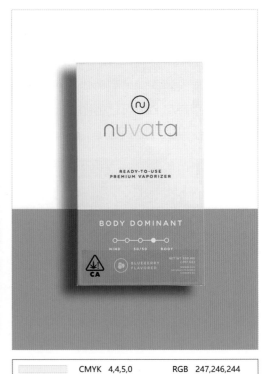

	CMYK 4,4,5,0	RGB 247,246,244
	CMYK 55,27,0,0	RGB 123,171,133

○ **同类赏析** ▲

为重塑品牌，使包装现代化，通过水平式构图使包装重点元素一分为二，更具凝聚力，以适应严肃的消费者的要求。

○ **同类赏析** ▲

该雾化器系列产品推向市场，要从包装设计上反映内部产品的质量。水平式构图和颜色对比能够以简单的方式向消费者传达多层次的信息。

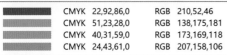

○ **其他欣赏** ○　　　○ **其他欣赏** ○　　　○ **其他欣赏** ○

4.1.3 弧线式

弧线式构图较为灵活多变，通过线条的变化可以给人营造各种氛围，如浪漫、流畅、舒展等。而该构图方式又包括圆形、S形等。圆形构图能让画面显得优雅有变化，S形构图能让画面饱和有张力。

	CMYK 5,22,23,0	RGB 245,212,193		CMYK 41,98,99,7	RGB 166,36,38
	CMYK 15,22,62,0	RGB 231,204,115		CMYK 68,59,61,8	RGB 100,101,95

○ 思路赏析

澳大利亚的葡萄酒生产商推出了一系列称为"柔和脚步"清淡风格的葡萄酒，希望能吸引传统的客户和新一代客户，所以包装的设计理念应该考虑到可持续发展的理念。

○ 配色赏析

这个富有诗意的产品名字——柔和脚步，给了设计师配色灵感，以各种花卉的本来颜色搭配自然斑点的无涂层纸，不仅可以体现葡萄酒复杂的风味特征，还能呼应其清淡风格。

○ 结构赏析

利用图形元素形成弧线式构图，整个画面显得更加柔和，从货架上看便是一种空灵和美丽的展示，使该系列设计能在未来长时间内富有成效。

○ 设计思考

为了体现该品牌想要推行的生态意识和可持续发展观，以整体的低调加上戏剧性的、感性的动植物图像，形成一种柔和的设计美学，这种设计方法大胆并克制。

	CMYK 74,91,76,65	RGB 45,15,25
	CMYK 46,89,74,10	RGB 152,57,63
	CMYK 51,42,26,0	RGB 143,145,166
	CMYK 63,58,45,1	RGB 117,111,123

	CMYK 50,51,61,0	RGB 148,128,103
	CMYK 29,9,49,0	RGB 199,215,152

○ 同类赏析

这种酒来自澳大利亚，在土著语言中品牌的含义为"春天"，象征万物复苏。利用弧线形的构图，让包装图呈现出生动的意味。

○ 同类赏析

该款产品为新开发的天然化妆品，包装以简约风格为主，白色背景象征着品牌的纯真和诚实，用一条线设计了3种变体，并显示产品的使用场合。

○ **其他欣赏** ○　　　○ **其他欣赏** ○　　　○ **其他欣赏** ○

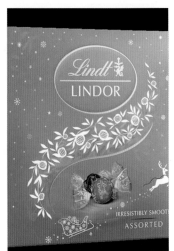

4.1.4 倾斜式

倾斜式构图即包装中各元素由下向上或由左到右，按一定顺序以统一的律动形成视觉画面，这样的构图能带给人一种很强的方向感和速度感，能让图片"动"起来，适合活泼、生动的设计主题。

	CMYK	4,15,12,0	RGB	247,227,220		CMYK	28,32,52,0	RGB	199,177,130
	CMYK	28,33,51,0	RGB	199,175,131		CMYK	57,63,83,15	RGB	123,94,60

○ 思路赏析

该护肤产品原料来自澳大利亚农场，该品牌致力于生产既美观又有效的可持续有机产品，将功能与艺术相结合，为了契合品牌理念，设计以"美丽的植物"为主题动机。

○ 配色赏析

柔和的粉色包装赋予了产品大自然的包容性，金箔勾勒出植物的形状暗示原料的珍贵，两种颜色对比之下，传达了品牌对美的追求和渴望。

○ 结构赏析

设计整体采用倾斜式构图方式，图形向上倾斜，诠释了生机勃勃的力量，与空灵的背景相结合，创造出多个层次，对于消费者来说是一种新兴的体验。

○ 设计思考

为了突出包装的美观和主题元素，可利用构图塑造叠加感。植物元素在颜色和构图的双重作用下隐喻了大自然强大的治疗作用，处理上大胆而抽象。

	CMYK 67,81,73,45	RGB 75,45,47
	CMYK 78,72,70,40	RGB 57,57,57
	CMYK 13,10,10,0	RGB 227,227,227
	CMYK 53,59,97,8	RGB 119,108,44

	CMYK 89,61,7,0	RGB 0,100,178
	CMYK 44,94,100,12	RGB 156,45,25
	CMYK 87,45,67,4	RGB 5,117,101
	CMYK 84,43,37,0	RGB 1,125,151

○ 同类赏析 ▲

这是一家伊斯坦布尔烤肉店的品牌标志设计，画面以"保持简单"为主题，采用双色间隔的条纹和倾斜式构图增加律动感，简单却又不失设计感。

○ 同类赏析 ▲

该产品包装设计融入了孟加拉国文化，从茶园中郁郁葱葱的色彩和孟加拉国文字获得灵感，将几何图形倾斜排列，极具冲击性，可瞬间吸引顾客眼光。

○ 其他欣赏 ○   **○ 其他欣赏 ○**   **○ 其他欣赏 ○**

4.1.5 散点式

散点式构图即各元素不受约束进行排列，没有严格的格式，给人一种自由、创意、空间感极强的视觉印象。设计人员采用这种构图方式一定要注意秩序感，若是没有把握好就会有凌乱感。因为散点式构图虽可自由向外发展，却仍受边框约束。

	CMYK 26,100,100,0	RGB 202,6,28		CMYK 33,22,76,0	RGB 191,188,83
	CMYK 56,13,100,0	RGB 132,182,25		CMYK 26,57,100,0	RGB 205,129,7

○ 思路赏析

该款马卡龙是俄罗斯的标志性产品，为了庆祝寒假，该公司推出了16种特殊冬季口味的独家礼品系列，重新设计包装自然要注意营造节日气氛。

○ 结构赏析

利用马卡龙的形状，通过散点式构图，让画面呈现出一种活泼感，还可以看到新推出的各种口味的产品，对甜品爱好者来说具有很大的吸引力。

○ 配色赏析

为了烘托圣诞节的气氛，采用喜庆的红色代替了公司的黑色风格，再搭配新推出的16种马卡龙的缤纷色彩，让消费者能够感受到快乐、多彩、轻松的假日心绪。

○ 设计思考

产品的品名信息采用大字体，白色字体印在红色包装上十分醒目。除了主打产品之外，在包装上还添加了拐杖糖和装饰性的冷杉树枝，用以点明节日的主题。

	CMYK 80,44,60,1	RGB 53,123,113
	CMYK 63,91,85,57	RGB 68,22,24
	CMYK 47,57,68,1	RGB 156,120,88
	CMYK 54,88,100,39	RGB 104,40,12

	CMYK 82,81,15,0	RGB 77,70,147
	CMYK 82,76,71,48	RGB 43,47,50

○ 同类赏析 ▲

该款酒以"乌克兰之夜"为包装主题，金黄灿烂的点点图案分布在漆黑的背景色间，通过对城市夜生活的展现，让顾客发现伏特加的魔力。

○ 同类赏析 ▲

该果酱品牌以手工生产为卖点，为了突出原材料，用真实的果实蘸墨分散印在包装空白处，不仅展示了原材料，更体现出产品用料的丰富性。

○ 其他欣赏 ○　　　○ 其他欣赏 ○　　　○ 其他欣赏 ○

4.2　包装设计的常见编排方法

　　包装设计讲究整体性，只有将包装设计的各个元素安排合理，才能使画面看起来美观、自然。构图方式可在大方向上规范我们的画面布局。对于如何编排和利用各种包装元素，只有掌握一些基本技巧，才能让设计人员更加游刃有余。

4.2.1 懂得利用花纹

为了吸引消费者，包装设计师可以说是出尽法宝，美观的花纹是非常有效的方法。花纹在我们日常生活中泛指图案与纹理，主要题材可分为自然景物和各种几何图形（包括变体文字等）两大类。呈现方式可以是重复性或周期性的，也可以是单独非对称的。

| | CMYK 0,63,50,0 | RGB 252,131,110 | | CMYK 66,26,33,0 | RGB 93,161,172 |
| | CMYK 32,34,1,0 | RGB 188,173,214 | | CMYK 24,23,34,0 | RGB 206,196,171 |

○ **思路赏析**

为了让每个人都能感受到制作美食的乐趣和美好，该品牌提供了来自世界各地的无数种优质香料，为了体现原料和产品的丰富性，设计师绘制了各植物花纹。

○ **配色赏析**

因每个系列产品的配方都不同，除了绘制不同的花纹，利用颜色分类是非常简便的。根据主要原料的颜色来决定外包装主题色，更直观地显示了产品的多样性。

○ **设计思考**

为了制成各种香料，该品牌使用了草药、普通香料、花卉、印度香料、蔬菜、辣椒等100多种原料；为了体现产品用料的不同，每组都搭配绘制了相应的植物图形，以显示主要特征。

	CMYK 30,41,100,0	RGB 198,157,3
	CMYK 87,63,90,43	RGB 29,64,42
	CMYK 16,86,32,0	RGB 221,67,119
	CMYK 47,0,49,0	RGB 143,228,163

	CMYK 43,100,77,8	RGB 162,4,55
	CMYK 80,51,68,8	RGB 61,109,93
	CMYK 9,38,10,0	RGB 235,180,199
	CMYK 49,31,96,0	RGB 154,162,43

○ 同类赏析 ▲

为了做好这款限量版季节性啤酒的包装，设计师根据非洲泥布图案创作了抽象的图案，将其与夸张的字符和颜色相结合，共同强调了该啤酒风味的独特性。

○ 同类赏析 ▲

该款杜松子酒是最新开发的口味，加入了各种风味的水果，因此设计了不同原料的图案，用鲜明的配色体现活力，带给顾客视觉冲击力。

○ 其他欣赏 ○　　**○ 其他欣赏 ○**　　**○ 其他欣赏 ○**

4.2.2 各种线的应用

　　我们都知道线是构成图形的基本要素之一，可以有效地分离画面内容和结构，传播有关信息。线的运用随着其形态变化可呈现多种样式，如直线、曲线、折线、虚线等。不同的样式可反映不同的内容，如直线可代表平静，对角线可代表活力，曲线可塑造优雅的形象。

	CMYK 60,16,13,0	RGB 105,184,217		CMYK 4,83,60,0	RGB 241,78,81
	CMYK 100,100,57,18	RGB 12,27,86		CMYK 98,96,38,4	RGB 37,47,108

○ 思路赏析

芬兰啤酒厂重新推出其领先啤酒品牌的工艺系列，其异常新鲜的口味特别适合用于庆祝活动或特殊场合。为了与顾客产生共鸣，新的包装设计以活力、自由为创作理念。

○ 配色赏析

该系列一共推出了3款啤酒，每款啤酒运用不同的颜色加以区分。多彩的设计充满了活力，表达着乐观的情感，这样的包装能在货架上凸显出来。

○ 设计思考

新款易拉罐采用图形手势，用线条勾勒出充满力量的手势图案，体现了品牌的自信精神。整体设计都透出幽默感，属于全新的、充满革命性的设计。

	CMYK 62,36,31,0	RGB 111,148,165
	CMYK 65,27,27,0	RGB 96,161,181
	CMYK 16,3,9,0	RGB 222,237,237
	CMYK 84,61,53,8	RGB 52,94,107

	CMYK 87,57,66,16	RGB 30,91,86
	CMYK 84,79,71,54	RGB 35,38,43

○ 同类赏析 ▲

该款啤酒是用芬兰海域的海盐腌制的，为了强调这种独特的口味，特别设计了带有海洋氛围的图案，通过线条勾勒出结晶的海盐颗粒，极具美感。

○ 同类赏析 ▲

这款伏特加的设计灵感来自安哥拉的卡兰杜拉瀑布，瓶身具有高度的垂直度。白色线条则是对瀑布入水的模仿，整个包装带给人丰富的想象。

○ 其他欣赏 ○　　**○ 其他欣赏 ○**　　**○ 其他欣赏 ○**

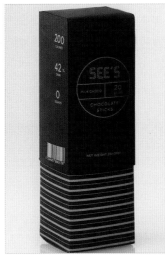

4.2.3 图标和符号

　　图标和符号有一定的规范性，风格也非常简约，各元素之间能够产生较高的对比度。由于图标和符号不像插图一样具体、有内容，往往表达比较抽象的内容，因而可以加深顾客的印象，让其更快识别产品包装。

	CMYK 60,60,62,7	RGB 120,103,92		CMYK 40,10,12,0	RGB 166,208,224
	CMYK 79,30,84,0	RGB 47,143,82		CMYK 20,25,34,0	RGB 215,195,170

○ 思路赏析

该品牌一直致力于生产健康食品，新推出的这款产品不是专为铁杆健身爱好者生产的，针对的是普通人群，希望大家能有更健康的生活方式，包装设计也沿用"美好生活"的理念。

○ 配色赏析

这类生活型产品不需要多么惊艳或艺术性，做到日常和自然即可。所以，用浅蓝色做背景颜色，搭配果实的颜色，十分小清新。

○ 设计思考

为了将产品形象化，让大众感受到日常生活的气息，特意设计了一个友好的、非正式的标志，其核心是爱，以象征良好与健康，并让顾客知道所有健康食品都是精心生产的。

	CMYK 32,95,41,0	RGB 192,38,102
	CMYK 16,59,69,0	RGB 223,131,80

	CMYK 18,98,740	RGB 216,25,58
	CMYK 23,32,38,0	RGB 208,180,156
	CMYK 61,52,48,0	RGB 120,120,122

○ 同类赏析 ▲

该款青年葡萄酒面向的是年轻的消费群体，需要在设计上体现个性化。通过将酒瓶形状设计为特殊标签，以传播某种视觉信息，并与年轻消费者进行交流。

○ 同类赏析 ▲

该款葡萄酒的新标签有一个浮雕设计，能通过触觉强调葡萄庄园的土壤特征，更能体现该款葡萄酒的珍贵，让消费者接受来自大自然的馈赠。

○ 其他欣赏 ○　　○ 其他欣赏 ○　　○ 其他欣赏 ○

4.2.4 复古风格

　　复古风格常常能引发人们对过去的怀念，利用复古元素能够极大地与顾客产生共鸣，更有利于销售产品。所以很多设计师会运用旧时代的元素，引领新风尚。当然，采用复古风格时要考虑产品的销售主题，有的产品适合复古风格，有的产品适合新潮风格，设计人员要懂得把握。

	CMYK 5,74,65,0	RGB 240,100,77		CMYK 90,87,81,73	RGB 12,10,15
	CMYK 64,0,48,0	RGB 67,210,167		CMYK 50,36,61,0	RGB 148,153,112

○ 思路赏析

该款饮料诞生于漫长且持久的啤酒进化之旅，结合古老传统工艺与现代技术，代表着前卫和与众不同，在包装上也体现出这种特殊性。

○ 配色赏析

选择透明的玻璃瓶，能够打造复古外观，展示饮料的清澈和丰富。通过鲜艳的绿色和橙色，可以对消费者的视觉产生极强的冲击力，让消费者感受到产品标志性的风格。

○ 设计思考

将蒸汽朋克元素与现代色彩、排版和其他图形元素结合在一起，就能完美地展示现代技术对旧标准的影响和改变，看到品牌在过去与现在之间的选择。

	CMYK 33,87,90,1	RGB 189,67,46
	CMYK 80,26,90,43	RGB 29,64,42
	CMYK 15,66,91,0	RGB 223,116,34
	CMYK 32,40,100,0	RGB 195,157,0

	CMYK 16,22,53,0	RGB 226,203,135
	CMYK 100,95,47,11	RGB 19,45,96
	CMYK 44,94,100,12	RGB 156,43,13
	CMYK 70,71,69,31	RGB 81,67,64

○ 同类赏析

为了强化品牌形象，设计师从20世纪70年代的设计中汲取灵感，利用颜色找到怀旧和舒适的感觉，黄色像奶酪，棕色像烤馅饼，绿色像松脆的生菜。

○ 同类赏析

该款朗姆酒口味强劲，为了体现过去的冒险精神，以海盗为主题，描绘了扬帆远航的海盗船，掀起了复古的风潮。

○ 其他欣赏 ○ 　　○ 其他欣赏 ○ 　　○ 其他欣赏 ○

4.2.5 简约设计

简约风格的特点就是简洁洗练、单纯明快。元素较多的设计虽然包含的内容很多，消费者收到的信息也很多，但可能会导致消费者忽略关键信息。而越是简单的设计越能体现最关键的信息，消费者可通过对关键信息的把握作出购买决定。在复杂多样的包装设计中，简约风格更能吸引消费者的目光。

	CMYK 10,47,26,0	RGB 233,161,164		CMYK 47,18,20,0	RGB 150,188,201
	CMYK 67,38,30,0	RGB 97,143,166		CMYK 47,29,60,0	RGB 154,166,118

○ 思路赏析

"清洁海洋"是一款可生物降解的家用清洁剂，正如其产品名一样，该产品的包装也要向大众传播品牌的理念，避免塑料垃圾，并在使用后能将其从海滩和海洋中清除。

○ 配色赏析

在包装瓶的颜色选择上，主要考虑如何向大众反映海洋生态系统之美，筛选出4种颜色来展现海洋之美，分别是珊瑚、海水、海藻和绿松石。

○ 设计思考

该款产品的推广点是清洁和环保，为了减少塑料垃圾，特意将包装瓶设计成精美的瓷器，干净的线条和现代设计，让消费者能够多次使用，空余之后还能用作花瓶。

	CMYK	60,30,30,0	RGB	119,157,134
	CMYK	59,13,60,0	RGB	117,181,129
	CMYK	28,13,29,0	RGB	196,208,188

	CMYK	80,57,97,26	RGB	58,86,46
	CMYK	42,23,30,0	RGB	162,181,177
	CMYK	15,17,27,0	RGB	225,213,189
	CMYK	25,44,41,0	RGB	203,157,141

 ▲

柔和的色调和文字标记旨在向消费者传达一种舒适和共情的暗示，整体设计不分性别，简单、包容性强，所以该款护肤品容易被消费者接受。

○ 同类赏析 ▲

该品牌一直致力于生产可重复使用、可定制和时尚的水瓶，通过简约风格来体现日常感，纯色设计既时尚又经典，有5种颜色和字体可供选择。

○ 其他欣赏 ○　　　○ 其他欣赏 ○　　　○ 其他欣赏 ○

4.2.6 暗喻的艺术

通过包装美化产品的方式有很多种，比如直接呈现或是通过隐喻和暗示，这样一方面设计师的设计从艺术上能够得到发挥，另一方面又能围绕产品发挥包装的推销功能。常见的暗喻技巧就是通过图形来展示产品的功效和特征，如通过云来展现纸巾的柔软程度等。

○ 思路赏析

▶该酒产品源于日本的发酵大米饮料，历史悠久，为了将其吸引力扩展到寿司店之外，品牌通过视觉识别来突出最吸引美国饮酒者的品质。

○ 配色赏析

瓶身作为包装设计的承载物，优雅的排列图形和形状，在蓝色的背景之上以金箔印刷，箔片增加了亮度和微光，突出了沉稳、悠久的品质。

	CMYK 77,50,29,0	RGB 68,120,157
	CMYK 27,31,52,0	RGB 202,180,131
	CMYK 84,79,73,56	RGB 35,36,40

○ 设计思考

包装的主要图形既像一个结实的圆形手臂，又类似于一颗抛光的大米珍珠。将产品的原料作为设计语言，可以吸引消费者的注意力。

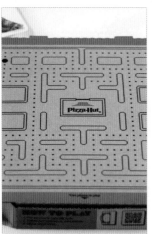

○ 同类赏析

▶为了将必胜客与客户的童年回忆联系起来，将比萨饼盒包装设计为迷宫图，邀请客户参与游戏，这样美好快乐的时光与品牌就不可分割。

右图为素食有机物包装，颜色的灵感▶来自蓝莓、姜黄等有营养价值的植物，斑点图形将包装与产品联系起来。文字标记字体随意，在间隔开的橡皮糖之间滚动，十分生动。

	CMYK 0,84,72,0	RGB 252,72,58
	CMYK 1,38,41,0	RGB 251,183,146

	CMYK 72,25,0,0	RGB 2,166,253
	CMYK 88,67,0,0	RGB 1,72,252

第 5 章

包装设计的材质与结构分类

学习目标

包装的材质和结构都是影响包装设计的重要因素，也是设计师需要着重考虑的因素。根据产品的不同特性和客户的设计需求，设计师如果要选择最适合的材质，首先就需了解不同材质的特点，另外还要认识包装的常见结构，以满足设计需求。

赏析要点

折叠式   玻璃包装材料
摇盖式   纸包装材料
抽拉式   盒（箱）式结构
开窗式   罐（桶）式结构
提携式   袋式结构
封闭式   管式结构
金属包装材料   肌理法
塑料包装材料   线条法

5.1 纸盒的结构造型

　　纸制品包装是包装工业品中用量最大的种类。由于原料是纸浆，可以回收，所以成为很多商家选择的包装材质。纸盒的造型和结构设计往往要由被包装商品的形状特点来决定，故其式样和类型很多，如有长方形、正方形、多边形、异型和圆筒形等。从使用的方式来看还可分为折叠式、摇盖式、抽拉式、开窗式、提携式和封闭式等。

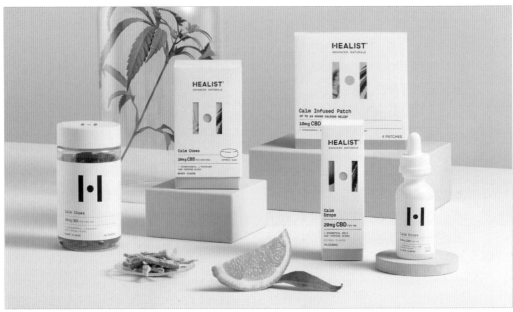

5.1.1 折叠式

　　折叠式纸盒具有盛装效率高、方便销售和携带、可供欣赏、生产成本低以及使用前能折叠堆放而节省包装仓储和运输费用等优点，所以在包装中得到广泛采用，如用于药品、食品、香烟、软饮料、化妆品以及工艺品等包装。随着人们生活水平的不断提高，对折叠式纸盒的需求量将不断增加，对纸盒的生产质量也提出了更高的要求。

	CMYK 66,64,69,19	RGB 98,86,74		CMYK 58,69,93,25	RGB 111,77,42
	CMYK 12,8,12,0	RGB 231,232,226		CMYK 63,72,88,36	RGB 90,64,41

○ 思路赏析

该香水品牌旨在将香水的使用变为令人舒适和神圣的日常仪式，为人们提供在日常生活中创造仪式感的机会，所以特意设计了概念包装。

○ 配色赏析

为了体现仪式感和正式性，包装盒只用了两种颜色——白色和棕色，外包装以白色为主，塑造出清爽、干净的产品形象；内部包装选用棕色，与香水瓶木质的纹理相呼应，以体现产品格调。

○ 设计思考

外包装盒采用折叠式设计，在最初打开包装的时候，就能感受到品牌对产品的重视。每个香水瓶都被设计成放在木质底座上，小心翼翼地把它们放回去的动作能给消费者带来一种仪式感。

	CMYK	41,39,0,0	RGB	168,159,212
	CMYK	51,9,10,0	RGB	131,200,229
	CMYK	11,44,24,0	RGB	232,167,171
	CMYK	6,33,0,0	RGB	242,193,222

	CMYK	85,76,32,0	RGB	62,78,129
	CMYK	40,87,62,1	RGB	173,65,81
	CMYK	30,56,73,0	RGB	194,131,78
	CMYK	68,31,41,0	RGB	91,151,152

○ 同类赏析

设计师特意采用了全息设计方式，通过不同的几何图形获得与众不同的视觉效果。折叠式的纸盒巧见匠心，让巧克力的包装极具吸引力。

○ 同类赏析

该款育儿游戏包装为了吸引父母和孩子的关注，将充满活力的颜色进行对比运用，让消费者感受到品牌的前卫和大胆。

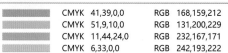

○ 其他欣赏 ○　　　○ 其他欣赏 ○　　　○ 其他欣赏 ○

5.1.2 摇盖式

摇盖式纸盒在日常生活中的使用也很广泛，其结构特点是盖体和盒体结合在一起，盖体的一边固定连接，另一边则能随意打开，这样高的灵活性，可方便消费者取出和储存产品。

	CMYK	30,100,93,0	RGB	194,21,40
	CMYK	7,88,53,0	RGB	237,58,88

	CMYK	47,38,37,0	RGB	151,151,149
	CMYK	79,74,71,44	RGB	52,52,52

○ 思路赏析

为了表现该咖啡品牌来自亚洲，在包装上下了一定的功夫，从字体到选词，包括书法线条和墨迹，都是亚洲文化的衍生物。

○ 配色赏析

为了突出"亚洲文化"的主题，配色方案为配合水墨丹青的主题，以黛色为主，以此吸引消费者对传统的日本蒸馏和酿造技术的兴趣。

○ 设计思考

品牌与日本著名书法家合作，通过大胆的书法来表达味道，通过画笔的平衡和优雅能更准确地表现咖啡产品的纹理、精度和情调，并概括了品牌咖啡的精神特质，即尊重仪式。

| | CMYK 25,22,27,0 | RGB 202,196,184 |
| | CMYK 68,71,79,37 | RGB 79,63,50 |

	CMYK 47,86,78,12	RGB 147,62,59
	CMYK 74,47,28,0	RGB 77,125,161
	CMYK 59,65,66,12	RGB 120,92,81
	CMYK 46,47,44,0	RGB 155,137,133

○ 同类赏析 ▲

该浴室清洁套件以环保为基本的设计理念，采用无塑料包装，摇盖式设计为消费者取用创造了便利，朴实、精致的包装盒更衬托出品牌的格调。

○ 同类赏析 ▲

该品牌家居用品系列，以可持续发展和生物降解为设计理念，选用特殊的包装材料，通过包装打造优质的产品形象，营造健康的烹饪体验。

○ **其他欣赏** ○　　　　○ **其他欣赏** ○　　　　○ **其他欣赏** ○

5.1.3 抽拉式

　　抽拉式纸盒又叫抽屉式纸盒，该样式为典型的双层结构，可随意抽拉，通过抽拉能将产品从包装盒中拿出，可节省材料，又方便消费者取出物品。另外，抽拉式纸盒还具有厚实、稳固的特点，能够长久保存物品。

	CMYK 21,5,0,0	RGB 210,231,250		CMYK 0,0,0,0	RGB 255,255,255
	CMYK 98,100,48,9	RGB 38,33,97		CMYK 54,45,43,0	RGB 136,136,134

○ 思路赏析

该款牙膏品牌非常重视日常牙齿护理，尤其是夜晚的牙齿护理，为了向消费者传达品牌的概念，特意以"月夜"作为包装的设计理念，非常具有突破性。

○ 配色赏析

为了贴合设计的理念，利用两种主要颜色——白色和海军蓝，创造了一个华丽的设计系统，而标签上的银色装饰给原本低调的设计带来了一个高潮，让消费者能够感受到设计师的用心。

○ 设计思考

为了更好地传达月亮的象征，特地设计了滑出式模具线，推拉内部盒子时，会显示月亮的不同阶段。并通过绘制轨道，让浮雕图案呈现在整个包装上，象征围绕月亮的星空。

	CMYK	3,31,0,0	RGB	250,200,229
	CMYK	5,6,11,0	RGB	245,241,230

	CMYK	92,78,78,63	RGB	10,30,31
	CMYK	28,22,21,0	RGB	194,194,194
	CMYK	88,73,72,49	RGB	28,48,49

○ 同类赏析 ▲

该款香薰共有4种气味，在纯白色的背景下每种气味都配有不同的插图，彩色盒子可暗示香薰的独特气味，抽拉式包装作为礼物也极具设计感。

○ 同类赏析 ▲

该男士化妆品品牌为了让广大男性消费者接受，在包装设计上运用简单而精致的美学原理，采用单色设计，通过不同图形表示每个产品的用途。

○ 其他欣赏 ○　　**○ 其他欣赏 ○**　　**○ 其他欣赏 ○**

5.1.4 开窗式

开窗式纸盒，顾名思义就是在包装盒的可展示面直接开出窗口，对产品的部分外观进行展示，形成透明状态。这样设计可对产品的优势和外观进行展示，有利于促销，一般可用作水果、食材的包装。

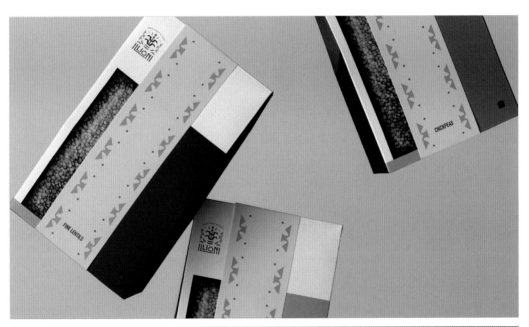

	CMYK 72,76,75,47	RGB 63,49,46		CMYK 64,34,5,0	RGB 102,154,211
	CMYK 17,19,31,0	RGB 222,208,181		CMYK 63,63,87,23	RGB 101,85,52

○ 思路赏析

该农产品品牌来自希腊，包装设计旨在将传统元素与更加强烈和干净的设计相结合，以此来展现希腊农产品丰富的品味和特色。

○ 配色赏析

这些精美的扁豆和特级初榨橄榄油是其产地的完美点缀，开窗式的设计能够让农产品本身的颜色显现出来，再利用丰富的蓝色让品牌设计更具标志性。

○ 设计思考

为了体现希腊的传统，设计师从希腊神话中得到灵感，特意设计了独特的蓝色标志印在包装上，体现出产品的独一无二，简约的设计更显产品的华丽、精致。

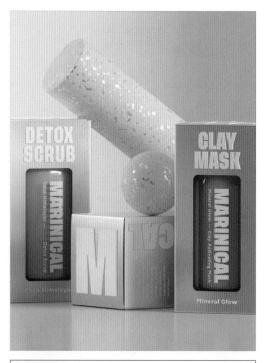

	CMYK 11,25,93,0	RGB 233,192,3
	CMYK 14,58,7,0	RGB 216,133,173
	CMYK 44,7,7,0	RGB 149,202,228
	CMYK 4,67,37,0	RGB 230,114,123

	CMYK 28,70,13,0	RGB 199,106,159
	CMYK 52,40,77,0	RGB 144,144,82
	CMYK 13,15,0,0	RGB 230,223,255
	CMYK 25,46,51,0	RGB 203,152,121

○ 同类赏析 ▲

该品牌专为摄影爱好者推出不同的摄影产品，设计的包装盒前面有一个滑动的有机玻璃面板，可以全方位地向消费者展示产品的魅力。

○ 同类赏析 ▲

为了让该苏格兰纯素食护肤产品脱颖而出，设计师选用特制材料制作了全息箔盒外套，包装上有趣的粗体字和不断变化的调色板为产品增添了现代感。

○ 其他欣赏 ○   ○ 其他欣赏 ○   ○ 其他欣赏 ○

5.1.5 提携式

纸盒有一个特点就是易于加工，为了方便消费者携带，很多设计师会在设计包装外观的同时设计提手，这也是提携式纸盒基本的外观特征。一般来说，重物常常会选择提携式包装，以减轻消费者的负担。

	CMYK 80,47,57,2	RGB 57,119,114		CMYK 34,57,100,0	RGB 188,126,7
	CMYK 22,37,93,0	RGB 216,170,23		CMYK 89,85,85,76	RGB 9,9,9

○ 思路赏析

该剃须刀品牌一直向男性和女性分别销售剃须刀，现在品牌希望有所改变，真正体现包容性，所以包装的设计也不能有任何倾向性。

○ 配色赏析

为了放弃过去的性别意识，包装插图以一个蓝色的人为主体，放弃对任何特定肤色进行营销的想法，白色的背景能更好地展现主体及故事性，而且也能让画面更简约、清晰。

○ 设计思考

有趣的包装插图以哈比神为主题，哈比神意味着包容和良好的氛围，还代表着雌雄同体的埃及尼罗河生育与成长之神，这样的设计巧妙地表达了品牌的价值观。

	CMYK	84,80,64,42	RGB	45,47,59
	CMYK	41,39,41,0	RGB	168,154,143
	CMYK	28,36,40,0	RGB	196,169,148

	CMYK	82,98,20,0	RGB	84,40,127
	CMYK	40,86,98,4	RGB	172,67,38
	CMYK	34,59,100,0	RGB	188,122,2

◯ 同类赏析 ▲

为了让普通的鸡蛋包装能够可持续利用且便携，该品牌利用相同的材料和成本，改变传统矩形纸浆盒形状，打破了陈旧和沉闷的产品形象。

◯ 同类赏析 ▲

该品种柑橘口味独特，设计标志时也十分大胆，灵感来自水果的独特形状和日本图案，前卫的标志和色彩鲜艳的包装，对消费者具有巨大的吸引力。

◯ 其他欣赏 ◯　　　◯ 其他欣赏 ◯　　　◯ 其他欣赏 ◯

5.1.6 封闭式

封闭式纸盒的特点就是整个包装全部封闭，能够有效地保护产品不受外界环境的污染和影响，并方便消费者使用。这种纸盒一般采取沿开启线撕拉或用吸管插入小孔等形式打开，通常牛奶和饮料采用这种包装形式。

○ 思路赏析

◀该品牌推出的坚果牛奶在面向市场时，希望能带给消费者友好、温暖的感觉，因此创作了一个故事，设计角色和主体，烘托主要原材料——开心果。

○ 配色赏析

包装主题色受开心果启发，以绿色为主，白色、黄色和蓝色起到支持和补充的作用，呈现出植物牛奶的初步印象——绿色和纯净。

	CMYK	42,14,41,0	RGB	165,196,165
	CMYK	20,14,26,0	RGB	213,213,194
	CMYK	23,8,18,0	RGB	208,223,215

○ 设计思考

品牌创作的故事是由不同的角色来赞美开心果，并通过有趣的、带有超现实和古怪色彩的插图来展现故事和品牌形象。

○ 同类赏析

◀通过新鲜、充满活力的配色和干净的字体，让包装表现出游戏性，这种复古的牛奶盒造型也带有品牌向过去致敬的意图。

该谷物品牌位于新西兰总部，主打宣▶传为顾客提供力量。通过一个干净的白色包装体现不同谷物可能提供的能量，与明亮的黄色和谷物图片产生对比，更显活力。

	CMYK	47,0,22,0	RGB	144,218,217
	CMYK	26,48,52,0	RGB	203,148,118
	CMYK	63,52,13,0	RGB	114,124,177

	CMYK	8,6,3,0	RGB	239,240,244
	CMYK	12,11,66,0	RGB	240,225,108
	CMYK	0,66,87,0	RGB	249,121,32

5.2 包装的其他材质

除了纸质包装，还有很多经常使用的包装材料。这些包装材料不仅各有特色，而且还具有独特的特性和不可替代性，适合用作不同产品的包装。作为设计师应该根据商品自身的特点来选择合适的包装材料。按包装材质不同可以将包装材料分为金属包装材料、塑料包装材料、玻璃包装材料和纸包装材料。

5.2.1 金属包装材料

金属包装材料一般是以铁皮、铝箔或铝合金等制成的各种包装容器，如金属罐头瓶、金属盒等，常用作食品、饮料的包装，可以长期保存使物品质量不受到外界的污染而出现变质等问题。金属包装材料具有高强度、方便储存、良好的阻气性和防潮性等优点，所以成为很多设计师的首选。

	CMYK 88,84,81,71	RGB 17,17,19		CMYK 88,57,77,23	RGB 25,86,70
	CMYK 48,50,62,0	RGB 152,131,102		CMYK 20,26,32,0	RGB 214,193,172

○ **思路赏析**

该橄榄油品牌来自意大利，一直从事有机食品行业，为了让消费者对品牌产生深刻印象，从品牌名入手，通过对品牌名的解释说明和标志性展示来加深消费者的品牌印象。

○ **配色赏析**

该产品有两种不同的设计，一种是绿色和白色，另一种是黑色和棕色，这些引人注目的颜色差异使产品更容易区分，在瓶身还印有金箔，强调了品质和味道的深度。

○ **设计思考**

"i tre colli"意为"三座山"，品牌生产地就坐落在一个古老农场中，被三座山包围。出于这个原因，标签的设计由这些山丘组成，其复杂的线条也用来强调深度和体积。

	CMYK 35,78,74,1	RGB 183,86,69
	CMYK 72,96,65,49	RGB 64,22,46
	CMYK 26,24,36,0	RGB 202,192,165
	CMYK 14,44,40,0	RGB 226,165,144

	CMYK 12,32,84,0	RGB 238,186,48
	CMYK 80,22,79,0	RGB 15,153,94
	CMYK 94,70,65,33	RGB 0,63,70
	CMYK 0,87,89,0	RGB 250,64,26

○ 同类赏析 ▲

铝质包装罐能保持葡萄酒的新鲜和饮用安全。白色的背景，配上优雅的玻璃杯，能重现在别致的玻璃杯中喝酒的心情，有种奇特的错位感。

○ 同类赏析 ▲

该品牌"室友"系列是一种爽口、充满乐趣的啤酒，罐子被包裹在一个彩色卡通公寓带中，与系列名呼应，吸引人们对其线条和插图的注意力。

○ 其他欣赏 ○　　　○ 其他欣赏 ○　　　○ 其他欣赏 ○

5.2.2 塑料包装材料

由于塑料包装材料透明度高、重量轻、形状多样，又能防潮并隔绝空气，因此能有效隔绝产品，保证产品的卫生，且在塑料制品上印刷文字和图案非常简单和清晰，给设计师提供了极大的便利。当然，塑料制品也有一些明显的不足，如容易带静电、难降解、对环境污染大等。

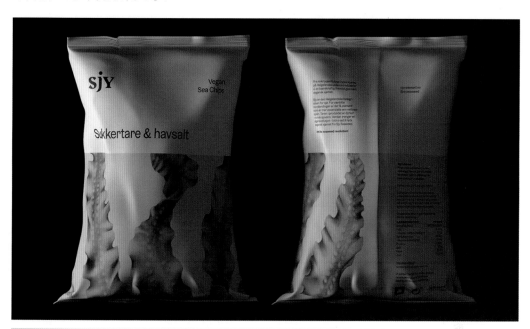

	CMYK	17,18,260	RGB	220,209,191		CMYK	64,44,81,2	RGB	113,130,78
	CMYK	75,59,81,24	RGB	73,87,62		CMYK	27,18,32,0	RGB	198,200,178

○ 思路赏析

这是一家初创公司新推出的海藻片，食材原料来自当地出产的海藻，有非常强烈的地域特色。包装的设计也主要围绕原材料，体现原材料的质量。

○ 配色赏析

为了更形象地展示制作原料和品牌形象，绿色是被选择的第一颜色，不过为了赋予更多的层次感，设计师将自然柔和的绿色与更活跃的绿色相互结合，形成了丰富的调色板。

○ 设计思考

海藻的精致插图清晰而详细，占据了大部分包装袋空间，并采用一种无衬线字体，且结合了高可读性和古怪性放置在包装上方，展现出优雅、健康、清淡的小吃的有机属性和来源。

	CMYK 70,35,84,0	RGB 94,141,79
	CMYK 17,23,78,0	RGB 228,199,73
	CMYK 53,52,96,4	RGB 142,122,46
	CMYK 77,75,95,61	RGB 42,37,19

	CMYK 80,88,18,0	RGB 85,58,137
	CMYK 58,68,13,0	RGB 135,99,161
	CMYK 18,66,48,0	RGB 218,116,112
	CMYK 97,87,38,3	RGB 27,60,114

○ 同类赏析 ▲

该葵花籽油薯片以复古为主题，通过柔和的配色和圆形字体形成强烈的层次感。卡通花朵上富有感染力的微笑表明了对有机成分的信任程度。

○ 同类赏析 ▲

为了展现身心和谐的哲学，品牌标志特意设计为瑜伽姿势，每种口味都以不同颜色组合的棕榈叶图案为特色，体现出纯素食产品的特色。

○ 其他欣赏 ○   **○ 其他欣赏 ○**   **○ 其他欣赏 ○**

5.2.3 玻璃包装材料

　　玻璃包装材料在日常生活中的使用非常广泛，其具有良好的化学稳定性和气密性，能保证产品的卫生和洁净度，易于密封和造型设计，还可根据需要制成不同的颜色，看上去晶莹剔透，不需要多加设计就已经很吸引消费者的注意力了。商业中一般会使用玻璃制品来包装食品、饮料或是葡萄酒等产品。

	CMYK 25,28,53,0	RGB 205,185,132		CMYK 49,62,92,7	RGB 147,106,50
	CMYK 90,86,80,72	RGB 13,12,17			

○ 思路赏析

　　"Most"经典芥末酱油使用代代相传的配方制作了十多年，是非常经典的品牌，打造其品牌形象是包装设计的重要方向，当然，在此基础之上还要有些创新。

○ 配色赏析

一个有历史的品牌包装应该容易被消费者识别。因此，简单的黄色和黑色符合品牌最初的目的，而以黄色为主色调则考虑到产品颜色，让顾客在食用时能够联想到品牌。

○ 设计思考

为了继承传统并在此基础上创新，品名采用一种弯曲和时髦的字体，字体流畅，还能与背景色产生鲜明的对比，再通过透明的玻璃瓶展示成品芥末酱油，整个包装看上去统一、协调。

	CMYK 55,67,100,19	RGB 125,85,16
	CMYK 37,40,69,0	RGB 180,156,94

	CMYK 6,29,90,0	RGB 250,195,4
	CMYK 2,6,10,0	RGB 252,244,234

○ 同类赏析 ▲

该朗姆酒包装瓶又长又细，金色软木标签延伸至瓶颈处。在瓶子的中下方，放置了一个以抛光巨嘴鸟为背景的印章，在透明的玻璃瓶上显得更加突出。

○ 同类赏析 ▲

为了向消费者传递可爱和温暖的感觉，设计师开发了一种新字体，并添加橘子形状的手绘纹理，简单小清新的包装风格与产品相得益彰。

○ 其他欣赏 ○　　　○ 其他欣赏 ○　　　○ 其他欣赏 ○

5.2.4 纸包装材料

纸包装材料在所有包装材料中性价比最高，不仅可以大批量生产，而且价格低廉，还能回收利用，对环境和资源的保护有积极意义。对于设计师来说，最重要的就是其良好的印刷性能，能够轻松地在纸质包装上绘制和书写内容。这种包装材料适合包装各种产品，包括高级糖果、食品和香皂等。

	CMYK 7,37,92,0	RGB 246,179,0		CMYK 47,72,62,3	RGB 156,93,88
	CMYK 44,28,100,0	RGB 167,170,1		CMYK 6,60,95,0	RGB 240,132,0

○ 思路赏析

该品牌是一个位于墨西哥的天然美食品牌。希望通过包装设计来更进一步地发展品牌形象，将墨西哥地区丰富的植被环境、高质量的自然产品通过品牌标志和形象传递出去。

○ 配色赏析

不同食品采用不同的配色，采用白色背景凸显黑色字体，包装下方和侧面都拥有丰富的颜色，与白色背景互相衬托，创造了一种清爽优雅但又大胆的外观。

○ 设计思考

该品牌的标志是一个圆形的、简单的插图，展示了一轮太阳从云后的群山中出来，以贴纸的形式贴在包装的显眼处，代表该地区的自然丰富性，赋予品牌美食的感觉。

	CMYK 77,56,43,1	RGB 77,108,128
	CMYK 23,29,33,0	RGB 206,185,166

	CMYK 8,30,90,0	RGB 247,192,11
	CMYK 73,19,82,0	RGB 69,161,88

 ○ 同类赏析 ▲

该咖啡品牌以"极简主义"为主题，将品牌标志用大写黑体印在包装袋上，不加多余的图案标志，旨在传递宁静的感觉。

○ 同类赏析 ▲

为了让马铃薯产品看上去自然，并且体现环保意识，设计师将包装材料换成了纸质的，再通过简单的印刷设计，让包装看上去既现代又迷人。

○ 其他欣赏 ○ ○ 其他欣赏 ○ ○ 其他欣赏 ○

5.3 包装设计的不同结构

　　包装结构设计是采用不同的材料和成型方式，对包装的外形结构和内部结构进行的设计，主要体现包装的容装性、保护性与方便性，同时辅以包装造型与装潢设计体现显示性与陈列性。包装容器的结构形式一般包括盒（箱）式结构、罐（桶）式结构、袋式结构和管式结构等。

5.3.1 盒（箱）式结构

　　盒（箱）式结构多用于包装形状较为规则的商品，这种形状的包装既能有效保护商品，又能提高空间利用率叠放运输商品，是一种常见的包装结构。其多以纸质材料制成，除了纸质复合材料外，还可用塑料、木质或金属等材料制成。

	CMYK 77,13,74,0	RGB 7,167,105		CMYK 7,22,28,0	RGB 241,211,185
	CMYK 89,66,0,0	RGB 16,88,199			

○ 思路赏析

家用清洁品牌"Dropps"为了推广环保的理念，消除不必要的重量和塑料，对包装材料的选择非常看重，选用纸板制成，告诉消费者这是可以回收利用的，让消费者看到企业的用心和价值观。

○ 配色赏析

采用明亮的蓝色和绿色主导包装的新外观，除了让消费者感到轻松、舒适，也是对自然、地球和可持续发展的心理暗示。

○ 设计思考

品牌重新设计的包装直接在包装盒上打印产品名称和信息，新的文字标记包含了3滴美丽的水滴，既能暗示产品与水有关，又能加深消费者对品牌的印象。

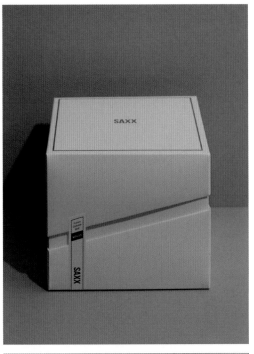

	CMYK 36,28,27,0	RGB 177,177,177
	CMYK 85,81,83,70	RGB 22,21,19

	CMYK 8,45,51,0	RGB 239,165,123
	CMYK 80,32,78,0	RGB 38,140,91
	CMYK 29,15,20,0	RGB 193,206,203

○ 同类赏析 ▲

该内衣品牌新推出的产品以简单的黑白配色来展现奢侈感，又受到生活方式的启发，设计了新奇别致的纸盒结构，让顾客获得难忘的拆箱体验。

○ 同类赏析 ▲

Cuppa茶产品希望每种茶都有它的故事，每一种味道都有其独特的体验，包装上的几何图案灵感来自茶本身，可让顾客感受到南美洲的日落。

○ 其他欣赏 ○	○ 其他欣赏 ○	○ 其他欣赏 ○

5.3.2 罐（桶）式结构

　　罐（桶）式结构多用于包装液体和液体固体混装的商品。由于这种结构密封性很好，能够最大限度地对食品和饮料进行保鲜，所以是食品和饮料常用的包装，而且多以金属材料包括铁、铝、合金等制成。

	CMYK	91,86,42,0	RGB	48,60,107		CMYK	12,96,89,0	RGB	227,30,36
	CMYK	71,28,11,0	RGB	63,159,210		CMYK	75,77,12,0	RGB	95,77,153

○ 思路赏析

为了消除消费者对本地产品被添加了化学物质的想法，并证明打捞的鱼产品原始、优质，品牌一直在寻求包装上的创新，让消费者感受到活力和改变，打破海鲜罐头包装行业的传统规范。

○ 配色赏析

海鲜罐头包装使用了精美的几何图案，多种颜色互相搭配，要么是蓝色、紫色、红色，要么是蓝色、粉色、绿色，视觉上让人眼前一亮，获得鲜活的美感。

○ 设计思考

设计灵感来自包豪斯几何风格，简单、永恒而独特，将艺术最大限度地注入日常用品的大规模生产中，并巧妙地将拉环放在了鱼的眼睛上，做到了形式和功能的完美平衡。

	CMYK	35,100,100,2	RGB	185,2,7
	CMYK	70,50,100,10	RGB	95,112,41
	CMYK	77,87,78,66	RGB	40,19,24
	CMYK	31,33,17,0	RGB	188,174,191

	CMYK	24,22,12,0	RGB	202,197,209
	CMYK	11,46,69,0	RGB	233,160,87
	CMYK	27,72,57,0	RGB	200,100,95
	CMYK	69,58,49,2	RGB	99,107,116

○ 同类赏析 ▲

肯德基的圣诞假日套餐由红色、绿色和白色主宰，
以营造消费者节日氛围。2020年尤其重视怀旧，
参考过去的设计努力带来过去的节日氛围。

○ 同类赏析 ▲

这是一个年轻的法国狗粮品牌，柔和的调色板为脖
子上绑着餐巾布的狗狗提供了完美的背景，锡质材
料设计，轻巧而方便。

○ 其他欣赏 ○　　　○ 其他欣赏 ○　　　○ 其他欣赏 ○

5.3.3 袋式结构

　　袋式结构的包装多用于固体商品，是通过柔韧性材料（如纸、塑料薄膜、复合薄膜和纤维编织物等）制成的袋类容器。这种容器形体柔软，方便产品装入和储存。容积较大的有布袋、麻袋和编织袋等；容积较小的有手提塑料袋、铝箔袋和纸袋等。其基本优势是便于制作、运输和携带。

	CMYK 32,53,87,0	RGB 191,135,52		CMYK 61,77,84,39	RGB 91,55,41
	CMYK 50,60,72,4	RGB 147,111,79		CMYK 76,70,67,31	RGB 67,67,67

○ 思路赏析

这是来自法国的糖果品牌，在糖果艺术方面有很长的历史，目标受众是企业家，面向消费者时要传递品牌的历史感和专业性，当然产品的美味也要很好地被传递出去。

○ 配色赏析

包装采用了不同的彩色标签，有橙色、棕色和紫色等，以方便消费者区分不同的产品。而每个袋子上的黑白图像则展示了你可以用这个产品做什么，极具艺术感又不落俗套。

○ 设计思考

包装插图与一般的卡通风格不一样，为了展示高级感，每个图像都是光栅化的，且光栅化的图像以一种巧妙的方式说明了每个袋子里的糖粒有多大，研磨的程度展示了食品的精美做工。

	CMYK	61,16,19,0	RGB	102,182,207
	CMYK	44,33,19,0	RGB	157,165,186
	CMYK	15,10,15,0	RGB	223,226,219
	CMYK	89,90,78,71	RGB	16,10,20

	CMYK	70,8,41,0	RGB	60,182,171
	CMYK	83,61,44,2	RGB	55,99,124
	CMYK	9,26,75,0	RGB	243,199,76
	CMYK	11,72,62,0	RGB	231,104,85

○ 同类赏析 ▲

天蓝色的包装暗示着产品配方的天然和纯度，纯白色的手写字体就像添加到这些美味产品中的牛奶一样，这是一种展示风味的聪明方法。

○ 同类赏析 ▲

该品牌提供了一些世界上最好的新鲜烘焙的咖啡豆。企业形象围绕咖啡豆展开，利用多样的颜色来展现多种咖啡豆的融合，既有趣又富有现代感。

○ 其他欣赏 ○   **○ 其他欣赏 ○**   **○ 其他欣赏 ○**

5.3.4 管式结构

　　管式结构的包装多用于黏稠状商品，以塑料软管或金属软管制成，便于使用时挤压。这种软管多带有管肩和管嘴，并以金属盖或塑料盖封闭。其广泛应用于药品、化妆品和化工产品等包装。不少管式结构的封闭盖还采用了特殊结构。

○ 思路赏析

◂这是一种由优质材料制成的管状甜点，不含人工香料。该品牌以创新的方式制作产品，还注重伦理和生态。因此，铝被选为包装材料。

○ 配色赏析

包装系统中使用的颜色组合是柔和而朴实的，通过简单的颜色能向消费者传递美味、甜蜜的印象，而且用不同的颜色来区分该系列不同的口味。

	CMYK	RGB
	4,16,8,0	246,226,227
	31,34,36,0	189,170,156
	39,63,86,1	175,113,56

○ 设计思考

为了满足创新的需要，包装上没有老套的水果或坚果图片，而采用草书字体，通过字体和颜色的互相渗透，表达舒缓和谦虚的印象，以区别于其他产品。

○ 同类赏析

◂左图为某品牌推出的个人护理产品，画面使用定制的字母图案，为包装增添了一种古怪的艺术风格，从而增强了品牌休闲而别致的风格。

这是一款流行的中性护手霜，来自立▸陶宛，通过独特风格的插图来吸引消费者注意力，豹纹衬衫、各种配饰、文身让插图获得了人格，赋予了产品故事性。

	CMYK	RGB
	41,94,81,6	167,47,56
	22,16,15,0	207,208,210

	CMYK	RGB
	85,55,0,0	1,109,207
	7,37,61,0	243,181,108
	0,59,21,0	254,141,161
	9,0,83,0	255,251,3

5.4 包装容器的造型方法

包装容器的造型各式各样，有立体的，有平面的，不同的造型方法能带给人不同的体验。如常见的肌理法，可以带给消费者触觉上的体验；线条法，能借助线条的律动属性为平面包装赋予全新的感受。下面一起来了解一下。

5.4.1 肌理法

　　通过各种表面处理工艺可使材料显示质感与肌理美，不过这需要设计师懂得材料及其表面处理工艺。肌理法的运用一定要形成对比，或明暗对比，或平滑对比，或粗细对比。

| | CMYK 91,87,87,78 | RGB 4,4,4 | | CMYK 93,88,89,80 | RGB 0,0,0 |
| CMYK 32,25,24,0 | RGB 184,184,184 | | |

○ 思路赏析

该品牌为了向国家献礼，需要重新设计一款限量版包装，体现品牌的品质和对活动的看重。设计师作了一个大胆的决定，改变品牌传统的雾状玻璃瓶与标志性颜色，重新定义品牌。

○ 配色赏析

为了体现低调奢华的限量版特质，设计师在设计上追求单色黑色，与之匹配的是复杂而优雅的黑色字体，随着光线变化在单一的黑色中又有些许变化，这也是整个设计的亮点。

○ 设计思考

限量版瓶身设计就像酒本身一样光滑，而凹凸的黑色字体使瓶身发生了变化，既增强了肌理感，又能展示品牌的不俗品质。

	CMYK 19,23,58,0	RGB 221,199,124
	CMYK 81,88,45,10	RGB 77,56,99

	CMYK 99,96,56,35	RGB 20,33,67
	CMYK 76,35,0,0	RGB 5,149,246
	CMYK 9,59,0,0	RGB 251,134,205

○ 同类赏析　▲

加拿大威士忌品牌发布了一款限量版电影主题包装瓶，这种包装瓶采用金色和浅紫色来展现奢华风，而包装瓶上特殊的纹理又为品牌增添了厚重感。

○ 同类赏析　▲

该品牌一直致力于传递活力与快乐，重新定制了一个新的包装瓶，不同色彩叠加为品名增添了一定的层次感，充满活力的凹凸点赋予了品牌运动精神。

○ 其他欣赏 ○　　　○ 其他欣赏 ○　　　○ 其他欣赏 ○

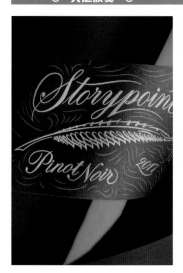

5.4.2 线条法

　　线条是形成结构的基本元素，不同的线可有不同的表现力，即为线的表情。例如竖直线给人以高耸、挺拔和雄伟之感，水平线给人以平稳、安定之感，斜线有一种动感，曲线富于弹性，有活泼、柔美之感，弧线给人以圆满之感。设计师需要根据产品特质和实际需要对包装结构的线条进行设计。

○ 思路赏析

◀该款植物护肤系列以植物为基础，配方植物纯度高达100%，温和而干净，在包装设计上以极简主义为主题，以加深品牌印象。

○ 配色赏析

为了体现产品成分的干净、无污染，采用纯白色的包装，简约而大气。将产品的品名和基本信息以黑色字体的形式印上，不仅清晰，还能加深印象。

	CMYK		RGB
	CMYK 16,12,14,0		RGB 222,221,217
	CMYK 75,68,71,33		RGB 66,67,62

○ 设计思考

为了向消费者暗示使用产品后呈现的光滑明亮的皮肤，特意采用圆弧形的设计，使包装更添平滑、细腻之感。

○ 同类赏析

◀左图为在英国新上市的朗姆酒，新设计了一款潮汐瓶，瓶颈下的两弯弧线就像轻轻弯曲的肩膀，赋予了人的温度，就像喝到这款酒。

该番茄酱品牌为了进一步推广，让潜▶在消费者参加活动，绘制品牌的包装插图，从中选取有创意的插图。瓶身结构造型采取曲线与直线相结合的设计手法，既大气又现代。

	CMYK		RGB
	CMYK 57,44,52,0		RGB 130,136,122
	CMYK 52,73,100,18		RGB 133,78,0

	CMYK		RGB
	CMYK 20,16,48,0		RGB 219,211,148
	CMYK 27,75,51,0		RGB 201,94,102
	CMYK 75,41,88,2		RGB 78,129,72

第 6 章

运用包装设计的创新理念

学习目标

随着经济的发展，各类同质化的产品越来越多，有些制造商为了使自己的产品能够在货架上脱颖而出，对产品包装的要求也越来越高。所以，出现了一些极具创意的产品包装，这些包装要么个性化十足，要么能使客户进行交互式体验，是包装发展的新趋势。

赏析要点

个性化包装与人体工程学
个性化包装与仿生设计学
绿色包装材料
绿色包装设计
交互式包装背景
交互式包装样式
糖果系列包装设计
茶品系列包装设计
甜品美食系列包装设计
酒类产品系列包装设计
饮料系列包装设计

6.1 个性化包装设计

　　个性化设计从字面上理解的话，就是具有独特性的设计，常常能与市面上其他产品区分开来，获得目标受众的青睐并吸引其注意力。通常，设计师会采用不同于常规的设计方法和形式让产品脱颖而出，所以个性化的包装设计还具有一定的艺术性和小众性，并贴合消费者的实际需求。

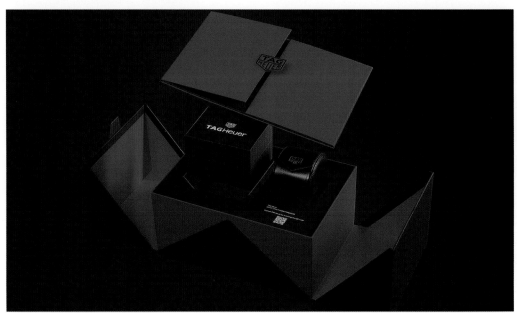

6.1.1 个性化包装与人体工程学

人体工程学是研究人与环境之间的关系，以满足人的实际需求，或是解决人所面临的问题的科学。近年来，这种科学在包装设计中的应用十分广泛，无论商家还是设计师，都从人体本身出发，考虑人在使用包装时的状态，减少疲劳感，力图让消费者使用起来更轻松。

| | CMYK 6,38,71,0 | RGB 245,179,82 | | CMYK 7,36,47,0 | RGB 241,183,137 |
| | CMYK 19,14,12,0 | RGB 213,214,218 | | CMYK 82,72,51,13 | RGB 64,76,98 |

○ 思路赏析

DEFY是一款初创的英国葡萄酒品牌，在意大利生产有机葡萄酒，然后销往英国市场。为了满足消费者随时随地饮用美味的葡萄酒的需求，该品牌打算重塑葡萄酒形象和包装。

○ 配色赏析

为了欣赏铝罐的金属色调，该葡萄酒包装舍弃了巨大的玻璃瓶，然后贴上黄色的纸标签，带给消费者真正高端、美丽的感觉。

○ 设计思考

成套的纸箱包装上印刷了主题插图，一个紧闭的拳头握住一串葡萄，暗喻产品质量不受损害的事实。铝罐的包装能让消费者更好地使用，不拘地点，让人们接受轻便饮用葡萄酒这一理念。

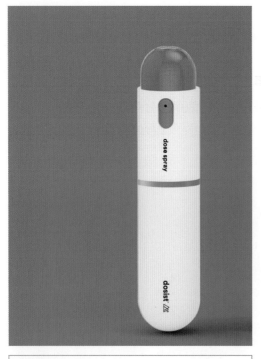

	CMYK 70,53,41,0	RGB 97,116,133
	CMYK 8,7,6,0	RGB 238,236,237

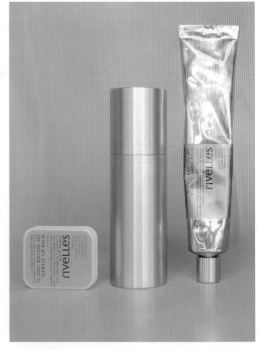

	CMYK 50,38,37,0	RGB 144,150,150
	CMYK 41,27,29,0	RGB 166,175,175

 ○ 同类赏析 ▲

该品牌喷雾剂根据顾客所需的计量决定包装的大小，以白色为背景，倡导一种极简主义，圆形的按压器按压面积更大，使用起来更方便。

○ 同类赏析 ▲

该系列的护肤品通过选用纯铝制的包装来展现极简主义，超薄高挑的表壳手感舒适，印上银箔的贴纸，简约设计不言自明。

○ 其他欣赏 ○　　　○ 其他欣赏 ○　　　○ 其他欣赏 ○

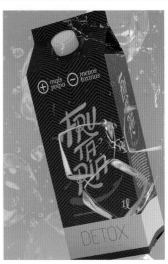

6.1.2 个性化包装与仿生设计学

仿生设计主要是运用艺术与科学相结合的思维方式，从人性化的角度，追求自然与人类多元化的设计融合与创新。仿生设计的方式有模仿生物的外形，利用生物的结构等。而在设计包装结构时，设计师可以从商品的形状或者使用功能等方面来进行包装外形的设计，达到功能性和艺术性的结合。

	CMYK 46,19,84,0	RGB 160,182,71		CMYK 49,29,78,0	RGB 151,164,84
	CMYK 7,5,49,0	RGB 251,241,154		CMYK 46,34,89,0	RGB 160,158,58

○ 思路赏析

该即食鸡蛋产品以美味、方便为推销点来打动消费者，为了激发消费者的食欲，该品牌在包装上下了一番功夫，从外形、颜色和使用等方面来打动消费者的心。

○ 配色赏析

该产品外包装采用淡黄和淡绿两种相近的颜色来吸引消费者的注意力。打开包装，将鸡蛋一分为二，可以看到颜色鲜艳的蛋黄，与外包装的颜色相呼应，是对产品的二次推销。

○ 设计思考

为了让消费者一眼就了解该产品的类型，设计师有创意地将外包装形状设计为鸡蛋的形状，让消费者一看到这可爱的包装就被吸引，且将简单易操作的打开方式印在外包装上，一举多得。

	CMYK 7,44,83,0	RGB 243,166,50
	CMYK 1,23,40,0	RGB 255,213,160
	CMYK 15,15,4,0	RGB 223,219,233

	CMYK 63,58,53,3	RGB 114,108,110
	CMYK 60,68,80,24	RGB 107,79,57
	CMYK 33,38,41,0	RGB 186,163,145

○ 同类赏析 ▲

为了让客户感受到该品牌的蜂蜜来自自然，设计师特意模拟蜂巢的形状，将外包装盒设计为六边形，包装颜色为金黄色，就像流淌在蜂巢内的蜂蜜。

○ 同类赏析 ▲

瑞典的白酒品牌带有瑞典酒类独有的香味，因为从不同的植物中提取香料，所以将包装设计成树木的形象，可以体现原生态的味道。

○ 其他欣赏 ○　　**○ 其他欣赏 ○**　　**○ 其他欣赏 ○**

6.2 绿色包装

绿色包装又可以称为无公害包装，是指对生态环境和人类健康无害，能重复使用和再生，符合可持续发展需要的包装。包装产品从原料选择、产品的制造到使用和废弃的整个生命周期，均应符合生态环境保护的要求。现在，包装设计领域一般从绿色包装材料、包装设计等方面入手实现绿色包装的发展。

6.2.1 绿色包装材料

　　绿色包装材料就是我们在生产、制造、使用和回收的包装物中，对人体健康无害，对生态环境有良好保护作用和可回收再用的包装物料。要广泛采用并发展绿色包装，就需要正确选择包装材料。这种材料大致包括三类：一是可回收材料，如纸质材料、金属材料、玻璃材料等；二是可降解材料，如天然纤维填充材料等；三是可食性材料，如部分复合型材料（塑+金属）（塑+纸）等。

	CMYK 39,21,40,0	RGB 173,186,160		CMYK 17,18,20,0	RGB 220,210,200
	CMYK 8,9,11,0	RGB 238,233,227		CMYK 74,73,73,42	RGB 63,55,52

○ 思路赏析

该创意食品机构为了向有健身需求的消费者提供营养补充产品，不仅生产种类繁多的营养剂，还提供了干净、自信的生活方式，并通过包装来传递品牌理念。

○ 配色赏析

包装的颜色选择有中性的鼠尾草绿、米色和黑色，这样可以区分产品线，赋予产品规范和精致的印象，以吸引忠诚的长期客户以及新顾客的注意力。

○ 设计思考

为了宣扬健康的生活方式，品牌自然关注可持续性，所以包装材料都选用无塑料的材质。在包装的文字标记上，通过对变体字的放大处理和颜色变化，帮助品牌树立自己的形象。

	CMYK	90,61,86,38	RGB	14,69,50
	CMYK	87,65,74,37	RGB	33,66,59
	CMYK	14,16,18,0	RGB	225,215,206

	CMYK	82,79,76,60	RGB	36,33,34
	CMYK	60,60,0,0	RGB	127,111,185
	CMYK	23,54,87,0	RGB	210,138,48
	CMYK	16,12,12,0	RGB	220,220,220

○ 同类赏析 ▲

该女性卫生用品品牌采用绿色和白色为主要包装颜色，与卫生、环保的进步观念相呼应，承诺减少塑料使用，并希望女性能大方使用卫生用品。

○ 同类赏析 ▲

该食品品牌用各种纸盒来包装食物，格外卫生环保，巧妙利用立方网格来创建文字和图形，黑色标签与彩色贴纸形成对比，既好玩又简单。

○ 其他欣赏 ○　　　○ 其他欣赏 ○　　　○ 其他欣赏 ○

6.2.2 绿色包装设计

要制作绿色包装、环保包装，就需要从多个方面入手，设计师也需要从不同的方面去考虑如何让包装能够可持续使用，如实行包装减量化，重复利用包装材料进行设计，选用对人体和生物无毒无害的包装材料等。由于国内外的环保意识不断增强，作为设计师也要尽量将进步的环保观念运用在包装设计上。

	CMYK 41,21,23,0	RGB 166,187,192		CMYK 58,47,45,0	RGB 125,129,130
	CMYK 92,90,59,40	RGB 33,37,62		CMYK 44,21,29,0	RGB 159,184,181

○ **思路赏析**

该品牌推出了一种可持续性的个人护理产品系列——行星系，主题理念为对皮肤和环境同样温和，产品不含酒精、染料等有害物质。

○ **配色赏析**

包装采用淡蓝色的背景，并带有斑点，与该系列主题十分吻合，星星点点像极了夜晚的星空，极具浪漫气息。

○ **设计思考**

为了让包装可回收，采用85%的再生纸、85%的再生塑料或无限可回收的铝来制作，向消费者透露出产品的温和性和前瞻性。

	CMYK	32,35,41,0	RGB	188,169,147
	CMYK	35,0,27,0	RGB	173,252,217

	CMYK	7,7,10,0	RGB	241,238,231
	CMYK	35,28,29,0	RGB	178,177,173
	CMYK	3,0,25,0	RGB	255,254,209

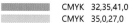 **○ 同类赏析** ▲

为了向市场推出新款加湿器，该品牌采用环保包装，并设计时尚的曲线符号，既让消费者关注空气质量，又对美丽、时尚的生活产生兴趣。

○ 同类赏析 ▲

该香皂品牌外包装采用100%再生卡制作，肥皂本身用豪华纸包装，印刷设计为抽象的肥皂泡金叶图案，向公众传递个人卫生的重要性。

○ 其他欣赏 ○　　　　**○ 其他欣赏 ○**　　　　**○ 其他欣赏 ○**

6.3 交互式包装设计

　　包装设计在颜色和形状上的应用已经到了很高的水准，精致的印刷工艺让包装设计的创意得到了极大的发挥，为了更好地与客户建立联系，交互式包装的概念应运而生。所谓交互式包装就是通过对包装的特殊处理，让用户在体验产品的过程中与产品的包装产生某种形式的交流与互动。

6.3.1 交互式包装背景

随着包装材料的选择变多，以及印刷技术的不断进步，越来越多的产品包装在视觉上更具感染力，并能给消费者带来触觉上的双重感受，最大程度地丰富了消费体验。这种全新的交互式包装概念，给品牌和设计师带来了惊喜，不少设计师开始大开脑洞，为那些勇于创新的企业制作交互式包装。

○ **思路赏析**

◀这是俄罗斯设计师设计的一款概念饮料包装，主题理念为心情咖啡包装。为了让消费者直观地感受到喝咖啡的乐趣，设计师为外包装赋予了变化。

○ **配色赏析**

为了契合咖啡豆和咖啡的颜色，让包装与产品产生联系和呼应，设计师选择了棕色和黑色为包装主题颜色，格调十足。

	CMYK 0,0,0,60	RGB 137,137,137
	CMYK 84,80,78,64	RGB 28,28,28
	CMYK 8,6,7,0	RGB 239,239,237

○ **设计思考**

通过外包装与内包装的颜色对比，消费者转动内包装时，外包装呈现的表情会有变化，这种变化能给消费者带来新奇的体验。

○ **同类赏析**

◀左图为某品牌设计的饮料包装，将外包装瓶设计成保龄球形状，当客户将饮料带回家摆放，能够模拟打保龄球的情境，平添了一份意趣。

右图为日本设计师为日式传统点心鲫▶鱼寿司设计的包装，提手处设计为鱼尾状，包装核心处用网状结构代替，既像渔网，又像鱼鳞。消费者提起包装俨然捕鱼回家的渔夫。

	CMYK 23,26,38,0	RGB 209,190,160
	CMYK 84,38,51,0	RGB 1,131,133

	CMYK 8,5,8,0	RGB 238,240,237
	CMYK 29,82,59,0	RGB 197,77,86

6.3.2 交互式包装样式

　　交互式包装设计不仅需要设计师提供新奇的创意，在选择包装材质上也要精细，而且还要保证产品的完整性，不能仅仅因为追求有趣而失去包装的基本功能。交互式包装可以传递大量的产品信息，所以包装样式不受限制，具有丰富性。

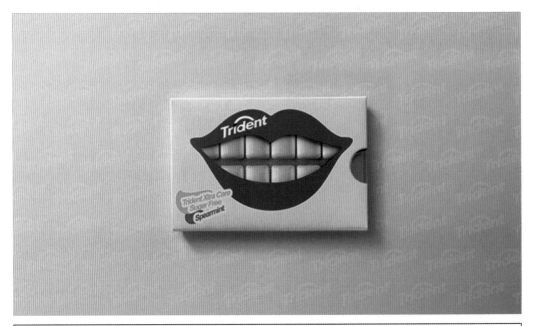

	CMYK 10,34,5,0	RGB 234,189,212		CMYK 11,13,34,0	RGB 236,223,181
	CMYK 14,93,87,0	RGB 223,43,42		CMYK 66,4,81,0	RGB 89,186,89

○ 思路赏析

该品牌无糖口香糖主要用于两餐之间，能保护消费者的牙齿和牙龈，还消费者以洁白明亮的笑容。在设计包装时，品牌以使用后的效果为主题，渲染明亮而美丽的笑容。

○ 配色赏析

为了营造积极、乐观、自信的氛围，在选择包装颜色时，以明亮之色为主，如明黄色、红色和浅绿色等，暗喻多姿多彩的生活。

○ 设计思考

为了与消费者进行交互式体验，品牌特意打造了此俏皮的包装，以红唇图案作为包装装饰，露出内部白色的口香糖，模拟微笑露齿的情景，当"牙齿"逐渐消失，就知道该重新购买了。

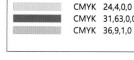

	CMYK 55,22,28,0	RGB 128,175,183
	CMYK 9,6,9,0	RGB 238,239,234

	CMYK 24,4,0,0	RGB 202,230,252
	CMYK 31,63,0,0	RGB 205,115,202
	CMYK 36,9,1,0	RGB 175,214,245

○ 同类赏析 ▲

该产品为特别设计的限量版纪念杯，消费者可以转动包装外轴来改变包装人物的表情，即使一个人饮用咖啡，也可以有所娱乐。

○ 同类赏析 ▲

该恐龙冰糕的包装灵感来自冰河时代，设计师将恐龙形状的支撑棍隐藏在冰糕中，从外面也能隐隐约约地看到，能够有效地吸引小朋友的注意力。

○ 其他欣赏 ○   ○ 其他欣赏 ○   ○ 其他欣赏 ○

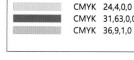

	CMYK 55,22,28,0	RGB 128,175,183
	CMYK 9,6,9,0	RGB 238,239,234

	CMYK 24,4,0,0	RGB 202,230,252
	CMYK 31,63,0,0	RGB 205,115,202
	CMYK 36,9,1,0	RGB 175,214,245

○ 同类赏析 ▲

该产品为特别设计的限量版纪念杯，消费者可以转动包装外轴来改变包装人物的表情，即使一个人饮用咖啡，也可以有所娱乐。

○ 同类赏析 ▲

该恐龙冰糕的包装灵感来自冰河时代，设计师将恐龙形状的支撑棍隐藏在冰糕中，从外面也能隐隐约约地看到，能够有效地吸引小朋友的注意力。

○ 其他欣赏 ○ ○ 其他欣赏 ○ ○ 其他欣赏 ○

6.4 系列化包装设计

　　系列化包装是现代包装设计中较为普遍、流行的包装形式，可用特殊的包装造型特点、形体、色调、图案和标识等统一设计，形成一种统一的视觉形象。系列化包装设计的好处在于既有多样的变化美，又有统一的整体美，容易识别和记忆，并能缩短设计周期，方便制版印刷。

6.4.1 糖果系列包装设计

糖果品牌厂商在生产产品的时候多会推出系列产品，开发出不同的口味以吸引不同的消费者，争取更大的市场。在包装上如果不系列化，很难在客户心中留下印象。所以在设计糖果系列包装时，要注意把握品牌的唯一性和特殊性，在推广品牌的同时将不同系列的产品推出。

	CMYK 73,15,15,0	RGB 8,175,217		CMYK 65,12,82,0	RGB 98,177,86
	CMYK 7,27,90,0	RGB 248,198,3		CMYK 71,0,30,0	RGB 6,193,200

○ **思路赏析**

该澳洲坚果公司几十年来一直生产和提供坚果类食品，将本地风味带给前来的游客。为了重新定位为一个全球更好的健康品牌，需要系列化的包装，将澳洲坚果形象化、突出化。

○ **配色赏析**

为了呈现岛屿的不同风貌，如火山、绿色植被等，选用的绘制颜色也有区别，多以黄色、绿色等明亮的颜色为主，以突出热带岛屿的多样美，而背景色为蓝色，就像包围岛屿的大海。

○ **设计思考**

该品牌生产的食品系列包括冷冻坚果甜点、风味面包和原味坚果等，在统一的标签和蓝色背景下，设计师通过绘制不同的美丽插图，以区别不同类别的产品，保持品牌的多样性和识别度。

	CMYK 43,19,50,0	RGB 163,186,142
	CMYK 37,78,68,1	RGB 179,85,77
	CMYK 14,37,15,0	RGB 225,179,192
	CMYK 27,24,64,0	RGB 205,190,109

| | CMYK 89,50,70,9 | RGB 0,106,91 |
| | CMYK 3,3,2,0 | RGB 248,248,249 |

◯ 同类赏析　　　　　　　　　　　　▲

该越南蜜饯食品包装突出了区域特色，设计灵感来自越南关于雨神、太阳神和风神的神话，刚好设计成一个系列，以区别不同的口味和用料。

◯ 同类赏析　　　　　　　　　　　　▲

3SPOON是一个手工制作的果酱品牌。该品牌将3个勺子塑造成小孩的帽子，代表天然和纯洁，以此作为品牌系列标志，让食客心情愉快。

◯ 其他欣赏 ◯　　　　◯ 其他欣赏 ◯　　　　◯ 其他欣赏 ◯

6.4.2 茶品系列包装设计

如今各类花草茶产品大有市场，受到很多白领、年轻人的欢迎。消费水平的升级促使花草茶的种类和包装设计也逐渐丰富和高档。如何让自己品牌的各类茶产品在货架上脱颖而出，已成为很多商家重点考虑的问题。而如何让产品形成系列，各商家也在包装上大费功夫。

	CMYK	0,76,51,0	RGB	255,96,98		CMYK	3,17,0,0	RGB	250,225,244
	CMYK	68,0,46,0	RGB	0,207,173		CMYK	10,9,78,0	RGB	248,230,68

○ 思路赏析

Ertha草本茶想要开发一种在行业领域中并非传统的外包装，让品牌标识和标签获得消费者和市场的认可。Ertha整体设计以大地母亲为灵感，以取之不尽的生命力为主题理念。

○ 配色赏析

设计师用许多鲜艳的颜色来区分不同的口味，彼此之间形成了强烈的对比，如粉色和绿色组合，黄色和红色组合。插图与背景色互相对比，在对比之中塑造了一种统一性。

○ 设计思考

为了将品牌精心挑选的高品质原料与大自然紧密联系，并让消费者感受到自然之风，设计师以女性脸部的抽象插图暗指大自然的母性特质，使饮用美味混合饮料的过程更加艺术。

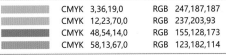

	CMYK	3,36,19,0	RGB	247,187,187
	CMYK	12,23,70,0	RGB	237,203,93
	CMYK	48,54,14,0	RGB	155,128,173
	CMYK	58,13,67,0	RGB	123,182,114

	CMYK	76,16,42,0	RGB	1,167,165
	CMYK	100,97,43,0	RGB	0,32,127
	CMYK	0,62,38,0	RGB	255,133,131
	CMYK	6,63,90,0	RGB	241,125,26

○ 同类赏析 ▲

OFFBLAK用明亮的颜色和有趣的插图，参照每个
类别的情绪和效果，呈现出一种俏皮的外观和感
觉，每个子产品都有一种特定的风格。

○ 同类赏析 ▲

T2茶叶品牌结合简单的几何插图元素和明亮的色
彩，以区别不同的口味。该系列包装包含礼品盒、
方形礼品罐和一次性独立茶等。

○ 其他欣赏 ○　　　○ 其他欣赏 ○　　　○ 其他欣赏 ○

6.4.3 甜品美食系列包装设计

　　甜品、调料和配料等食品类产品历来都有很大的市场，覆盖了绝大部分的消费者。除了产品的味道和原料之外，消费者大多会根据食物产品的包装进行选择，所以美食类的产品尤应注重包装效果，通过包装带给消费者美好的体验，将味觉感受延续到视觉上，且一旦推广出一种产品，该品牌的其他产品也会受到关注。

| | CMYK | 40,8,60,0 | RGB | 172,206,129 | | CMYK | 91,69,100,60 | RGB | 1,41,14 |
| | CMYK | 6,27,62,0 | RGB | 248,201,109 | | CMYK | 19,51,96,0 | RGB | 218,145,14 |

○ 思路赏析

该乌克兰食品公司几十年如一日地为消费者提供廉价而美味的食品调料，为了向市场推出该款蛋黄酱系列，品牌在重新思考更新整体外观时，将重点放在提高视觉吸引力的同时展现美味。

○ 配色赏析

设计师将代表蛋黄酱本身的白色漩涡和强烈的颜色结合在一起，设计出简单而有趣的外观。清新自然的黄色和绿色以及花卉标志突出了天然成分，也让产品多样性地陈列在货架上。

○ 设计思考

品牌的基本理念便是将蛋黄酱作为最喜欢的一顿饭的配料，摒弃保守的配色，采用独特的图形标志。平衡简单和美味优雅之间的差异，让包装具备了高可读性，该系列的成功也就不言而喻了。

	CMYK 34,22,43,0	RGB 184,188,155
	CMYK 6,76,56,0	RGB 240,97,91
	CMYK 46,24,22,0	RGB 152,178,191
	CMYK 23,35,51,0	RGB 208,174,129

○ 同类赏析　　　　　　　　　　　　　　　▲

为了展现原材料的晶莹白亮，用透明玻璃瓶材质，再以纯色包装纸来区别产品类型，一举两得，如绿色是椰奶，黄色是椰子油等。

	CMYK 63,65,0,0	RGB 123,100,188
	CMYK 17,7,33,0	RGB 224,229,188
	CMYK 51,66,70,7	RGB 144,99,78
	CMYK 6,10,14,0	RGB 244,234,222

○ 同类赏析　　　　　　　　　　　　　　　▲

Fantasy推出过椰奶热巧克力、蛋白质奶昔等系列产品，包装上各类型的运动英雄成为品牌的一种标志，既可区别各类产品，又能突出品牌特色。

○ 其他欣赏 ○　　　　　○ 其他欣赏 ○　　　　　○ 其他欣赏 ○

6.4.4 酒类产品系列包装设计

酒类产品在市场中一直非常活跃，有固定的消费群体，不同风味的酒产品都能够获得其忠实追随者。为了表现酒的风味和质地，品牌往往会配以高端的包装，设计成系列，这样更易稳定品牌粉丝，并在推出新的口味时，第一时间获得顾客反馈。

	CMYK 36,19,44,0	RGB 179,192,154		CMYK 45,18,30,0	RGB 154,188,183
	CMYK 22,65,49,0	RGB 210,117,111		CMYK 87,65,56,14	RGB 42,84,96

○ **思路赏析**

Buena出售各种预先混合的杜松子鸡尾酒，这些酒的美味、清淡和果味都需要一个与口味本身一样吸引人的标签。

○ **配色赏析**

每种口味都拥有不同的图案和各自的颜色，使其易于识别，而为了告诉消费者该系列杜松子酒的清爽口味，在颜色选择上多以清雅为主，如墨绿、豆绿、浅蓝和墨蓝等。

○ **设计思考**

设计师采用循环线性方法，使用线和形状来创作一幅律动的设计画面，以突出简单、运动的特性，反映品牌的整体信息和视觉标识，极简的品牌标识能让消费者快速识别。

	CMYK	0,80,79,0	RGB	254,85,46
	CMYK	42,23,12,0	RGB	163,185,209
	CMYK	20,9,49,0	RGB	220,223,152
	CMYK	29,37,1,0	RGB	193,170,212

	CMYK	76,38,76,1	RGB	72,133,91
	CMYK	41,92,64,3	RGB	170,52,76
	CMYK	12,50,87,0	RGB	231,150,42
	CMYK	36,33,34,0	RGB	178,169,160

◎ 同类赏析 ▲

Sound为一家气泡饮料公司，通过起伏的圆丝带，模拟声波，强化品牌理念。多色对比，展现跳跃的美，也能区别不同系列口味。

◎ 同类赏析 ▲

该白兰地品牌采用手工绘制包装插图，为每一款产品绘制了特有的动物图案，以代表不同的品类。复古的风格又能凸显自身的品牌特性。

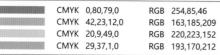

◎ 其他欣赏 ◎	◎ 其他欣赏 ◎	◎ 其他欣赏 ◎

6.4.5 饮料系列包装设计

饮料系列的产品有很多种类，包括咖啡、碳酸饮料、果蔬汁饮料和矿泉水等。随着饮料产品的同质化越来越严重，品牌的系列产品要想获得消费者的关注，除了研发新的口味外，外包装设计也成为重点。包装的差异化增大，消费者对于品牌的识别就更难了，这是设计师在未来面临的一大难题。

	CMYK 10,62,82,0	RGB 234,128,52		CMYK 20,17,92,0	RGB 225,207,1
	CMYK 46,8,39,0	RGB 153,202,173		CMYK 8,34,11,0	RGB 238,190,202

○ 思路赏析

为了塑造该咖啡品牌的多面性和全球性，商家重新设计了包装，标签环绕在包装顶部使其更加显眼，还标注了咖啡加工的不同阶段，由3个象形图表示，展现了优雅和原汁原味的一面。

○ 配色赏析

该品牌推出的咖啡来自不同的产地。为了体现这一点，设计师选择了6种不同的颜色，分别指代不同的咖啡品种和原产国。

○ 设计思考

该系列咖啡产品的概念是"MY coffee world"，为了保持现代感，使用"M人"作为一个模式在每个袋子的一面，与每个异国情调的目的地和咖啡的独特性相对应，优雅、现代、永恒。

	CMYK 25,99,100,0	RGB 205,23,22
	CMYK 52,28,11,0	RGB 136,170,207
	CMYK 50,33,38,0	RGB 145,158,154
	CMYK 54,82,76,25	RGB 119,60,56

	CMYK 0,0,0,60	RGB 137,137,137
	CMYK 54,64,71,8	RGB 135,100,78
	CMYK 28,33,34,0	RGB 196,174,161
	CMYK 67,47,44,0	RGB 102,127,134

○ **同类赏析** ▲

Biji Coffee来自印尼，用当地农民形象作为插画传递其为咖啡豆所做的付出，不同的画像代表该不同系列、不同档次的咖啡，针对不同的消费群体。

○ **同类赏析** ▲

该品牌来自沙特阿拉伯，"JOOD"一词在阿拉伯语中是"最好"的意思，其logo融合了阿拉伯语和英文字母，既别具一格，又显得俏皮、年轻。

| ○ **其他欣赏** ○ | ○ **其他欣赏** ○ | ○ **其他欣赏** ○ |

第 7 章

行业典型包装设计赏析

学习目标

我们都知道商品属性不同、行业不同、特征不同，面对的消费对象也就不同。在设计相关产品的包装时，需要考虑到行业特殊性和商品的特殊性，才能制作出真正契合产品的包装，才能真正地推销产品，带给客户惊喜。

赏析要点

食品包装设计　　　　药品包装设计
调味料包装设计　　　彩妆包装设计
日杂用品包装设计　　服饰包装设计
玩具包装设计　　　　体育用品包装设计
农副产品包装设计　　书籍包装设计
茶包装设计　　　　　唱片包装设计
零食包装设计　　　　宠物用品包装设计
护肤品包装设计　　　企业客户礼品包装设计
电子产品包装设计

7.1 生活日用包装设计

对广大消费者来说，接触最多的产品还是日常生活用品。作为包装设计师，其接受的包装设计项目也多来自生活日用品厂商，因此需要了解各种生活日用品的包装设计原理，掌握设计的技巧，融会贯通，熟练运用在任意的产品包装设计项目上。一般来说，生活日用品包括食品、日用品和玩具等。

7.1.1　食品包装设计

由于食品本身的特性，在设计食品包装时主要应体现食物的口感、风味，并以此激发起消费者的食欲，这样消费者才会购买产品。通常，食品包装都会以食物为主体绘制插图，直观地传播产品信息。而不同的消费者对食品包装的要求又各有不同，如儿童食品包装，为了吸引儿童，一般会采用活泼的字体、鲜艳的颜色和可爱的卡通形象等。

	CMYK	10,22,90,0	RGB	244,206,1		CMYK	35,100,100,2	RGB	186,13,6
	CMYK	54,10,100,0	RGB	138,189,0		CMYK	5,4,6,0	RGB	246,245,241

○ 思路赏析

高级方便面品牌Kabuto发布了一系列专门为儿童设计的新面桶，主要是为了满足消费者的需要，使包装对儿童更加有吸引力。

○ 配色赏析

黄色和绿色都是能激发食欲的色彩，这样的背景色与卡通形象更加贴合。将较短的面条放在颜色鲜艳、容量较小的桶内，味道更温和，可作为大多数儿童课后小吃的食用选择。

○ 设计思考

设计师从标志和排版着手，增强了趣味性，在包装中心部分可以看到富有特色的武士面孔，这种面孔既保持了该品牌正宗的亚洲风味，又让小朋友容易接受。

	CMYK	56,64,20,0	RGB	138,106,155
	CMYK	15,29,91,0	RGB	232,190,20
	CMYK	10,77,0,0	RGB	239,90,172
	CMYK	56,97,94,47	RGB	91,21,23

	CMYK	39,92,100,5	RGB	173,50,34
	CMYK	23,44,96,0	RGB	213,156,13
	CMYK	69,85,97,64	RGB	53,24,8
	CMYK	36,41,57,0	RGB	180,155,115

○ 同类赏析 ▲

该品牌新推出的饺子，以家庭为核心理念，每包饺子都承载了一个有趣的小故事，手写的标识和插图突出了关爱感和家常菜的感觉。

○ 同类赏析 ▲

这是葡萄牙生产的天然鱼罐头，为了传播葡萄牙的传统和文化，插图特意参考复古风格，用纸包裹鱼罐头，就像传统做法一样。

○ 其他欣赏 ○	○ 其他欣赏 ○	○ 其他欣赏 ○

7.1.2 调味料包装设计

调味料在日常生活中的使用频率极高，是不可忽视的生活必须品，也是让生活更加"美味"的魔法，而为了让消费者意识到调味料对平常生活的意义，不少调味料品牌在包装上各出奇招，赋予产品更多内涵，同时也能让消费者记住背后的品牌。

	CMYK 24,96,92,0	RGB 205,36,39		CMYK 0,0,0,0	RGB 255,255,255
	CMYK 56,91,100,44	RGB 96,31,0			

○ 思路赏析

酱油是日本饮食文化的特征之一，用富士山作为设计灵感，强调了起源，可以突出酱油的文化特性，这样酱油就不仅仅是一种调料了。

○ 配色赏析

该日式酱油品牌推出了两种口味，经典口味与辣味，并用不同颜色的瓶盖加以区分，经典口味的瓶盖为白色就像休眠火山，辣味的瓶盖为红色就像喷发火山。

○ 设计思考

酱油瓶身形似富士山，与普通的酱油瓶区别开来，别具一格的同时，又让消费者产生联想，没有多余的图案，整体风格简约，更显品质。

	CMYK 89,86,88,77	RGB 11,7,4
	CMYK 22,99,77,0	RGB 210,18,55

	CMYK 1,5,6,0	RGB 254,247,241
	CMYK 82,57,26,0	RGB 56,107,154

 同类赏析 ▲

亚美尼亚番茄酱，主题语为"like a chef"，意思是用了该产品就能像大厨一样烹饪了，给了消费者自信的暗示。

 同类赏析 ▲

哥伦比亚蔗糖产品包装走复古风格，全白的包装袋与蔗糖颜色协调，通过农夫抱着甘蔗的图案赋予产品更多意义，收获、自然、欢乐。

○ **其他欣赏** ○   ○ **其他欣赏** ○   ○ **其他欣赏** ○

7.1.3　日杂用品包装设计

日杂用品一般指消费者在日常生活中使用的物品，如清洁用品、香薰物品、炊具和餐具等。这类物品的包装多以亲和、使用方便为主。当然，随着物品越来越具有艺术感，包装当然也要相得益彰，变得时尚感、科技感十足。另外，产品功能若有特色时，设计师还要注重体现产品的质量和功能，一般要求色彩明确、整洁。

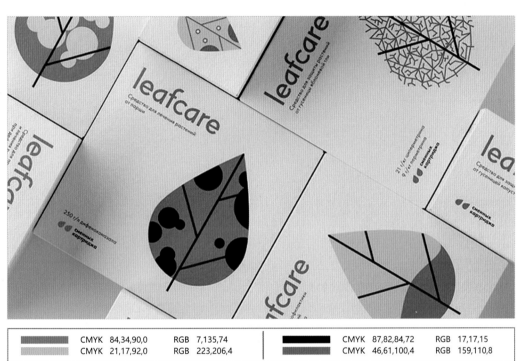

	CMYK 84,34,90,0	RGB 7,135,74		CMYK 87,82,84,72	RGB 17,17,15
	CMYK 21,17,92,0	RGB 223,206,4		CMYK 46,61,100,4	RGB 159,110,8

○ 思路赏析

该品牌专为有花园打理需要的人群提供护理产品。这款叶子护理剂就是一种创新的植物保护产品，旨在保护或拯救植物免受害虫和疾病的侵害，在包装上就要直观地向消费者说明其功效。

○ 配色赏析

该系列产品包括3种防护类型，分别通过色彩进行区分设计，防虫为绿色、治病为橙色、必要物质缺乏时使用黄色，通过颜色让消费者简单区别功效，可防止消费者错用。

○ 设计思考

为了直观地体现产品的用处，设计师在包装上展现了叶子的各种不良状态，如叶子上的橙色斑点是植物生锈的标志。每类产品都有自己唯一的标识符，即一片带有特定伤害痕迹的叶子图片。

	CMYK	80,68,78,44	RGB	48,58,49
	CMYK	49,41,38,0	RGB	147,145,146

	CMYK	14,36,37,0	RGB	226,180,156
	CMYK	77,67,54,12	RGB	76,84,97

○ 同类赏析 ▲

这款香薰产品包装以覆盖在松树林周围的乳白色雾气物化出古老的植物轮廓。金火圈是保护和净化的象征，暗喻沐浴在柔和晨光中的回家之路。

○ 同类赏析 ▲

为了让该套陶瓷餐具能够最大限度地吸引顾客，该品牌设计了一个包装套件。这种套件不仅保留了品牌的原始自然感，还便于携带，为餐具提供了安全保护。

○ 其他欣赏 ○　　○ 其他欣赏 ○　　○ 其他欣赏 ○

7.1.4　玩具包装设计

通常意义上我们所说的玩具是指面向小朋友的玩具，这类产品的包装要求插图亲切可爱、色彩鲜艳跳跃，而且图形可采用动物、卡通人物和花卉图案等来吸引小朋友的注意力。而对于扑克纸牌等成人使用的消遣工具，就要追求设计感和新奇度，这样才能吸引对应的消费者。

| | CMYK 2,4,15,0 | RGB 254,247,226 | | CMYK 86,78,68,47 | RGB 36,45,52 |

○ **思路赏析**

该套扑克牌来自日本的品牌Hannya，为了表现其独特性，需要在包装上展现日本的文化特质，以吸引那些既注重消遣，又注重内涵的消费者。

○ **配色赏析**

每张卡片背面都用金箔装饰着两个尖锐的牛角以及金属眼睛和斜睨的嘴，在黑色背景之中，金边勾勒的魔鬼轮廓更显深邃。

○ **设计思考**

设计灵感来自日本传统面具，刻画因执念或嫉妒而成为恶魔的女性的灵魂，通过文身而不朽。这种神秘而古老的日本故事，能够为品牌带来独特的文化价值，加深在消费者心中的品牌印象。

	CMYK	81,46,0,0	RGB	4,127,220
	CMYK	31,87,73,0	RGB	192,66,67
	CMYK	75,29,54,0	RGB	62,149,133

 同类赏析 ▲

该品牌致力于致敬那些快乐的时光，重燃童年的喜悦。以复古和怀旧为主题，玩具包装的插图带有20世纪80年代的魅力，引人遐想。

	CMYK	50,92,64,11	RGB	143,49,73
	CMYK	35,100,76,1	RGB	185,23,60

○ 同类赏析 ▲

这种制作飞机模型的玩具是很多人追忆童年的经典游戏，一共设计了3个模型，分别在包装上表现人一生居住的地方，体现畅游人生的理念。

○ **其他欣赏** ○　　　○ **其他欣赏** ○　　　○ **其他欣赏** ○

7.1.5 农副产品包装设计

农副产品一般是农业产业所生产的产品，包括干鲜果品、海鲜制品和调味品等若干大类。以前农副产品都是自产自销，没有品牌。但随着生产的发展，越来越多农副产品生产者创立了自己的品牌，为了推销产品，也更看重包装。为了展现农副产品的天然无污染，一般多以绿色、美观、务实为设计方向。

| | CMYK 42,17,27,0 | RGB 164,193,188 | | CMYK 14,31,4,0 | RGB 225,191,216 |
| | CMYK 20,11,66,0 | RGB 224,220,110 | | CMYK 31,53,20,0 | RGB 192,139,167 |

○ 思路赏析

为了开发一个令人耳目一新、完全独特的品牌概念，该品牌橄榄油打算向消费者重点展示橄榄园的自然环境，表达品牌对自然的敬意和重视，以及对产品的负责。

○ 配色赏析

为了在产品与其土地和环境之间建立联系，该设计突出了春天橄榄树盛开的花朵的颜色。每一瓶都有不同的柔和颜色，用于区分品牌提供的品种，并与景观的3种主要花卉相对应。

○ 设计思考

品牌设计了一个不透明的瓶子，包装瓶的形状也非常新颖，能与架子上的其他橄榄油瓶形成鲜明对比。每个瓶子上花朵的抽象形状是该品牌的一个关键特征，表达了对自然元素的敬意。

	CMYK	18,59,15,0	RGB	219,135,169
	CMYK	14,29,38,0	RGB	228,192,158
	CMYK	71,2,76,0	RGB	52,185,104
	CMYK	80,22,81,0	RGB	5,153,91

	CMYK	46,72,94,9	RGB	153,89,45
	CMYK	92,88,84,76	RGB	4,5,9
	CMYK	90,62,80,36	RGB	16,70,57

○ **同类赏析** ▲

该面粉产品是新推出的食品系列，以希腊植物为主体，使用简单的几何形状和强烈的纯色对比，让这个系列包装具备了强烈的视觉印象。

○ **同类赏析** ▲

该意大利香肠要出口俄罗斯，设计师为了体现品牌的地域性，从地中海城市小家庭屠夫的绘画标志中得到灵感，设计了简洁的标志。

○ **其他欣赏** ○　　　○ **其他欣赏** ○　　　○ **其他欣赏** ○

7.1.6 茶包装设计

茶产品与其他产品不同的一点在于茶叶往往会代表一个地区的文化和饮食习惯，所以茶包装对文化性的要求十分突出。而茶的种类不同，文化区别就会很大，在设计时一定要根据茶的产地、种类以及饮用方式来设计包装，如中国绿茶以悠远淡然的意境为主，红茶强烈纯正应体现英式贵族风。

	CMYK 74,25,0,0	RGB 16,162,239		CMYK 68,22,89,0	RGB 92,161,72
	CMYK 79,75,72,47	RGB 50,48,49		CMYK 68,11,0,0	RGB 27,186,254

○ **思路赏析**

Pure Leaf以可持续方式采摘茶叶，并以使用传统制造方法生产茶产品为荣。为了在包装上体现Pure Leaf的理念，品牌重新设计了一个现代包装，反映其对环境负责的态度和一流的品质。

○ **配色赏析**

为了从货架上脱颖而出，利用了最初的核心品牌颜色——黑色，并选择不同的鲜艳颜色强调个人的口味特征，使包装充满奢华感和品牌吸引力。

○ **设计思考**

先将塑料罐改为可持续的纸箱包装，然后采用清漆饰面和压花提示茶的类型，并赋予包装高质量的触觉外观。独特的标签，其图案灵感来自每种茶的来源，透露出产品的重要信息。

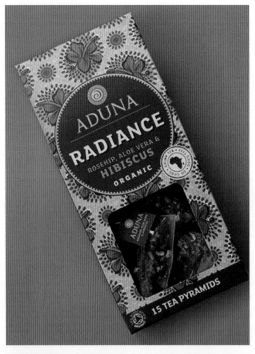

	CMYK	13,7,88,0	RGB	243,230,12
	CMYK	52,99,49,4	RGB	148,33,90
	CMYK	88,55,58,8	RGB	23,101,105
	CMYK	2,72,39,0	RGB	247,107,120

	CMYK	30,14,39,0	RGB	194,206,168
	CMYK	38,42,13,0	RGB	175,154,187
	CMYK	7,20,24,0	RGB	241,214,193

○ 同类赏析 ▲

这款营养丰富的非洲茶，原材料为非洲的猴面包树，用充满活力的图案（典型的非洲特征）和色彩区分了5种口味，增强了品牌的真实性。

○ 同类赏析 ▲

该茶产品包装以"欣赏、品尝茶"为核心理念，视品茶为一种自然的生活方式，所以包装也要贴近生活，色彩互相糅合，简单而大气。

○ 其他欣赏 ○   ○ 其他欣赏 ○   ○ 其他欣赏 ○

深度解析 零食包装设计

  零食的包装设计是食品包装设计中的一个分支，也是比较特别的一个类别。零食一般都在休闲放松时食用，给消费者的欢乐时光带来更多美好的体验，所以零食包装只有突出产品的特殊性，才能吸引消费者在众多产品中做选择。另外，零食包装的定位设计要符合消费者心理上的感受，可从文化性入手，运用色彩体现文化性，还可表现产品口味的差异，且合理而恰当地运用色彩，能引起消费者对休闲零食的初始购买欲。

	CMYK 8,50,91,0	RGB 239,152,19		CMYK 43,100,100,10	RGB 161,25,25
	CMYK 88,65,88,48	RGB 23,56,39		CMYK 74,13,63,0	RGB 49,170,125

◀ ○ 结构赏析

为了向消费者传递该越南巧克力品牌的文化和地域特色，设计师设计了几幅非常绚丽的插画。然后在插画上方呈现有关品牌和产品的有用信息。为了不影响消费者欣赏插画，将品牌标志信息移到包装的下方，且不占据更多的空间。而在背面则用大量的板块呈现关键信息。

○ 配色赏析 ▶

为了区别不同的插图，设计师为每幅插图都选择了各自的主题颜色，分别是绿色、蓝色、棕色和紫色等，对每一种颜色都使用了渐变的技巧，为每幅插画赋予了层次感。且设计师明白颜色的主次关系，在绿色、蓝色这样的冷色调上点缀红色、橙色，使色彩搭配更舒适、更有艺术感。

◀ ○ 内容赏析

该品牌推出了5种口味，每一种口味都配有不同的插画，虽然每幅插画的主题颜色、内容都不相同，但有一个共同点，即一个女人的纤纤细手，正在把玩着一样传统的物件，这样能够直接、自然地渲染东方文化之美，更好地突出品牌的地域特色。

○ 内容赏析 ▶

为了让大多数消费者对品牌有一个基本的印象，品牌必须设计独一无二的logo，而该品牌的logo采用方圆的字体设计，且在内部添加了折叠细纹，通过细节体现品牌特色。

◀ ○ **内容赏析**

该品牌是一家生产巧克力豆到巧克力棒的手工巧克力公司，致力于制作出完美的越南巧克力。该公司在不断发展中十分看重质感，希望体现出品牌的格调。所以，外包装的插画也全是对越南上流社会的回忆，包括文学、刺绣、美术、舞蹈和音乐。每一幅包装插图都是用传统风格制作的原创艺术品的高清扫描，花了几周时间才完成，能够体现品牌的专注和认真。

○ **其他欣赏** ○　　　○ **其他欣赏** ○　　　○ **其他欣赏** ○

7.2 功能性用品包装设计

　　功能性用品一般是指对个人生活能够产生影响和提供帮助的产品，包括电器产品、医药产品、家电产品以及化妆用品等，由于这些产品的用途和差异非常大，因而对个人生活的影响也不同，在包装设计上也各有侧重。因此，设计师应根据产品面对的消费对象来把握设计方向。

7.2.1 护肤品包装设计

护肤品是时尚产物，主要有3种基本功效——美容、清洁和护理，女性消费者和男性消费者都会使用。而面对不同的消费者，包装的颜色选择要做好规划。面对女性消费者，颜色要偏向雅致或鲜明，面对男性消费者色彩多用暗色系以体现深邃。总之，护肤品包装设计提倡简单、清新，以向消费者传递天然成分的安全概念。

	CMYK	52,0,25,0	RGB	124,216,213		CMYK	100,100,64,49	RGB	15,13,50
	CMYK	18,38,0,0	RGB	221,175,222		CMYK	6,7,74,0	RGB	255,236,80

○ 思路赏析

该品牌在护发领域发展了8年，想要推出一条新的产品线，以促进品牌的包容性和生态意识，向消费者提供沙龙品质的护理用品和工具，希望在包装上能够别出心裁，令人眼前一亮。

○ 配色赏析

为了打造独特的外观，设计师选择了清新的色彩组合，通过粉红与浅蓝相间，展示出一种跳跃性，能让消费者感受到该系列的特别之处。

○ 设计思考

为了对产品的功能进行展现，设计师添加了波浪元素，反映产品的卷发效果和保湿功效。缎面和金属饰面的结合为外观带来了恰到好处的精致，闪耀着品质，同时保持了趣味性和日常性。

	CMYK	78,71,70,38	RGB	58,60,59
	CMYK	21,13,12,0	RGB	210,215,219
	CMYK	5,15,18,0	RGB	245,226,209

	CMYK	54,64,57,3	RGB	139,104,100
	CMYK	33,20,23,0	RGB	184,193,192
	CMYK	1,11,27,0	RGB	255,235,198

○ 同类赏析 ▲

该护肤品牌以古希腊时代为灵感，创作了邮票形式的图标，并通过兰花图案的纯洁美丽，将传统药理学与现代医学融合，让消费者能放心使用。

○ 同类赏析 ▲

该品牌专门生产手工化妆品和护肤品，致力于将过去最好的东西带到当代。包装图案纹样的灵感来自维多利亚时期，以体现手工工艺的重要地位。

○ 其他欣赏 ○　　**○ 其他欣赏 ○**　　**○ 其他欣赏 ○**

7.2.2　电子产品包装设计

　　一件优秀的电子产品包装设计，能够将产品信息准确地传达给消费者，消费者可以根据这些信息来判断电子产品的质量。一般来说，电子产品的包装不追求华丽、高调，而是要反映出产品的内在价值。常以产品形象、标志和品牌形象为包装的外在设计，赋予包装一种现代感和实用感。

	CMYK 7,9,87,0	RGB 255,232,0		CMYK 0,96,92,0	RGB 254,0,14
	CMYK 13,73,99,0	RGB 227,100,3		CMYK 92,89,84,76	RGB 5,3,8

○ **思路赏析**

该系列产品作为品牌产品的一种延伸，需要重新设计一个包装结构和标识，以与其他产品有所区别，并且要明白告诉消费者这3种不同瓦数灯泡的关键信息。

○ **配色赏析**

包装颜色在同一色系内变化，传达了灯泡是相关的信息，并且随着瓦特数的增加，色调逐渐变亮，由黄色到橙色再到红色，这给了消费者一个关于灯泡亮度的可视性的线索。

○ **设计思考**

设计师采用干净的外观，使灯泡信息成为焦点，这样消费者就能在引导下注意到每个灯泡的细节。然后用碎纸来保护灯泡，环保且能显示品牌的用心。

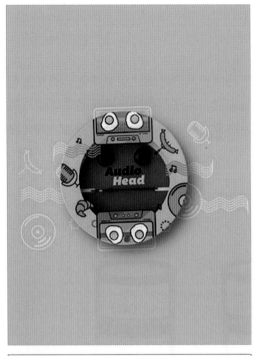

CMYK 2,38,88,0	RGB 254,180,23
CMYK 57,76,91,31	RGB 107,63,38
CMYK 75,21,41,0	RGB 38,160,161
CMYK 0,75,56,0	RGB 254,100,90

CMYK 14,63,71,0	RGB 225,123,75
CMYK 57,4,9,0	RGB 106,203,236

◇ 同类赏析 ▲

该耳机品牌设计摒弃了市场现有包装的设计理念，以有趣、年轻、新潮为主题，以迎合当今年轻人的古怪天性，并吸引大量的年轻消费者。

◇ 同类赏析 ▲

该耳机品牌的包装是刚性包装，当包装打开时，外包装烦恼的面部表情被一个放松、微笑的三维头像所取代，暗喻产品为客户带来了快乐。

◇ 其他欣赏 ◇　　**◇ 其他欣赏 ◇**　　**◇ 其他欣赏 ◇**

7.2.3 药品包装设计

　　药品是比较特殊的商品，具有医药性和商业性双重特征。尤其是现代社会中又多了保健品这一类别，需要吸引消费者的眼球，所以对包装就越来越重视，虽然不需要过分浮夸和花哨，但是也要有简单的设计感。当然，药品的设计应根据本身的药性特点来考虑，最好不要有歧义，以免造成不好的影响。

	CMYK 38,32,37,0	RGB 172,168,156		CMYK 87,83,85,73	RGB 16,16,14
	CMYK 3,3,4,0	RGB 249,248,246			

○ 思路赏析

该品牌致力于为消费者提供日常所需的蛋白质，与消费者建立信任关系，培养品牌形象，要求在设计标签和包装时以简单为主，纳入最少但有价值的元素，就像产品本身一样。

○ 配色赏析

包装采用柔和中性的色调，为该品牌将主要焦点放在有机成分的性质上奠定了基础，并按照灰色和棕色两种颜色划分产品的两种类型，灰色为原味，棕色加入了可可豆粉。

○ 设计思考

为了清晰展示品牌标签，画面采用打字机字体单独排版。产品的其他信息则简单排列在包装下方一侧，白色字体在纯色背景的衬托下清楚直观，没有多余的插画，简约风格体现了品牌的自信。

	CMYK 87,75,7,0	RGB 52,78,162
	CMYK 1,97,99,0	RGB 245,1,3

○ 同类赏析 ▲

该高级补充剂是专为正在锻炼的消费者提供的，标签的设计灵感来自老式的字体风格，带有现代元素和强烈色彩，向客户传递力量和决心。

	CMYK 90,85,85,76	RGB 8,8,8
	CMYK 1,1,1,0	RGB 252,252,252

○ 同类赏析 ▲

该安眠药产品的包装设计是带有一点怀旧色彩的现代风格。标签图案由黑色元素组成，形状类似药丸，与白色背景形成对比，如同白天与黑夜。

○ 其他欣赏 ○　　**○ 其他欣赏 ○**　　**○ 其他欣赏 ○**

深度解析　彩妆产品包装设计

彩妆产品包装设计是化妆品设计的一个分支，比起护肤彩妆产品，更重要的功能就是为消费者带来美丽，为肌肤带来不同的光泽。所以对彩妆产品的包装要特别注重颜色的搭配与选择。而为了提升品牌身价，包装也尽量要具备格调，廉价的包装会让消费者对产品的质量产生质疑。

另外，彩妆产品多是口红、粉饼和眼影等类型，容易受到外力的损坏，其一旦毁坏就不能复原，所以包装应兼具保护性和装饰性，即外包装具备装饰性，内包装应耐用结实，具备一定的保护功能。

	CMYK 13,45,32,0	RGB 229,164,156		CMYK 17,31,26,0	RGB 220,188,180
	CMYK 13,41,25,0	RGB 228,172,172		CMYK 17,31,21,0	RGB 220,188,188

◀ ○ **结构赏析**

NEKER彩妆的包装整体上来讲由简单的元素组成，为了让产品的关键信息完全显示，直观地显示品牌的身份，布局规划也应同样简单，以品名标志为核心，置于包装顶部显眼处，能让消费者一眼就注意到。在包装下方应对该产品的基本信息简单排列，契合简约大气的包装风格。

○ **配色赏析** ▶

品牌致力于传递一种全新的美的概念，强调自然美和个人特色，并以使用优质产品来增强自然美。为了传递中性的形象，而不是特定的风格，该系列包装整体使用米色和淡粉色，以渐变的技巧展现色彩的调和美。且根据产品的不同，在同一色系内加深颜色，也可以体现产品的丰富性。

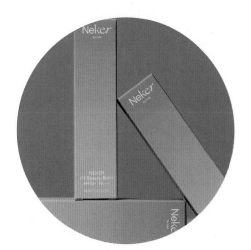

◀ ○ **内容赏析**

为了对传统美容产品营销和包装进行有趣的改变，NEKER品牌标志字体通过个性化的设计添加斜体的部分。有关产品信息的描述从最小无衬线字体到装饰性斜体衬线字体逐渐变化，蕴含着多样性和独特美感。

○ **配色赏析** ▶

NEKER的关键视觉元素"颜色池"表达了品牌追求的价值，代表了各种风格和个人感受，每种颜色都根据每个产品或型号的形象自由扩展。

◀○ 内容赏析

从NEKER的品牌口号"这就是你",可以了解其品牌价值便是尊重每个人的美丽,并对社会中规定的美的标准进行反思。从包装入手,打造一个多样化和兼收并蓄的品牌形象,代表美的光谱。所以,简洁清晰的造型和易读性,能够更加全面地反映品牌的价值。

○ **其他欣赏** ○　　　○ **其他欣赏** ○　　　○ **其他欣赏** ○

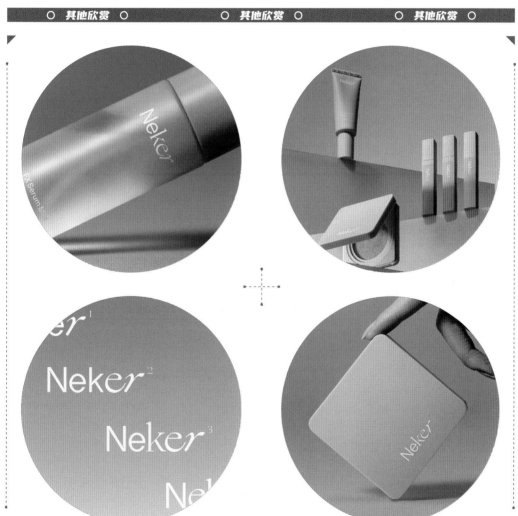

7.3 其他消费品包装设计

除了比较典型的商品包装以外，在日常生活中我们还会遇到其他一些常见的商品，如服饰类、文体类，这些商品的包装也需要遵循一定的原则，符合基本的包装设计理念，而不能不顾产品的特征，设计不协调的包装，这样既不实用，又不美观。

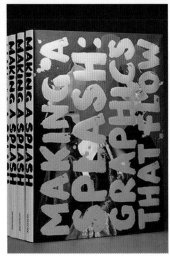

7.3.1 服饰包装设计

　　生活水平的提高让我们对个人外观方面更加注重，不仅追求衣服的材质，还提出了时尚、舒适等要求，各类服饰品牌为了向对应的消费者推销商品，也在包装上做起了广告，宣传产品和品牌形象。一套合适的服装包装设计一定要具有针对性，以吸引潜在客户，定位服饰气质和风格，为消费者携带和收纳带来方便。

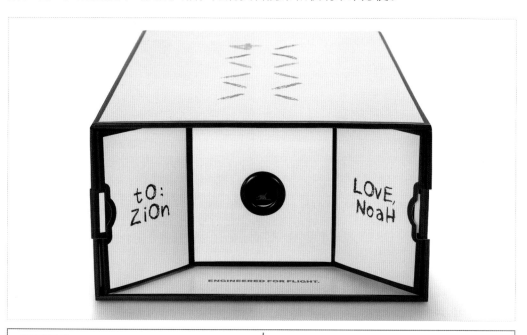

| | CMYK 38,20,18,0 | RGB 172,190,200 | | CMYK 84,80,78,64 | RGB 28,28,28 |
| | CMYK 32,12,40,0 | RGB 189,207,169 | | CMYK 6,4,4,0 | RGB 243,243,243 |

○ 思路赏析

耐克这款新系列球鞋的包装以游戏角色为灵感，这个角色叫诺亚，是游戏中一个引人注目的固定人物，经常被发现在球场边观看哥哥踢球，暗喻本系列产品是消费者梦寐以求的。

○ 配色赏析

球鞋外包装以白色为主题颜色，用黑边勾勒带给人一种素描风，包装内测用红色、紫色、黄色、蓝色和橙色的条纹点缀，与球鞋的设计相得益彰。

○ 设计思考

为了不使外包装显得凌乱，影响消费者的观感，设计师将涂鸦画在包装内测，拉开包装盒就能看到丰富的线条和涂鸦中设计的角色，带给消费者一种甜蜜的惊喜。

	CMYK 77,31,0,0	RGB 0,151,230

	CMYK 27,83,58,0	RGB 202,76,87
	CMYK 26,46,47,0	RGB 202,147,127
	CMYK 56,89,55,10	RGB 131,56,86
	CMYK 11,18,17,0	RGB 231,214,206

○ 同类赏析 ▲

为了说明该鞋垫的技术要点，品牌在包装上呈现了一个美丽的内衬插图，纯色背景使包装更显清新、干净和现代，与品牌的发展理念相符。

○ 同类赏析 ▲

这是来自美国的服装品牌"Haute Cature"，该系列T恤面向女性消费者，将T恤图案部分呈现于木质包装盒上，以方便客户进行挑选。

○ 其他欣赏 ○　　**○ 其他欣赏 ○**　　**○ 其他欣赏 ○**

7.3.2 体育用品包装设计

对于爱好运动的消费者来说，体育用品是一项必备的开支。一般来说，消费者所涉及的体育项目多是球类运动，如乒乓球、网球和羽毛球等。由于运动用品的特殊性，品牌在设计包装时就不得不考虑其功能，或是展现运动的可贵之处以及对生命的积极意义。

| | CMYK 53,55,75,4 | RGB 140,118,79 | | CMYK 75,79,76,55 | RGB 52,38,38 |

○ 思路赏析

Honu是一家总部位于美国南加州的环保冲浪板和冲浪配件零售商，品牌的基本价值观为"与大海同在"，尊重自然，并希望在冲浪者和自然之间建立相互关系，所以其产品包装极重视环保。

○ 配色赏析

为了体现品牌的环保理念，该企业生产的各类冲浪周边产品都以包装材料的颜色为主体颜色，以传递自然的价值。

○ 设计思考

该产品为冲浪专用蜡，用纸质材料包装，环保易降解，流入海洋也不会造成污染。"Honu"源于夏威夷语，意为海龟，是该品牌的标志，在产品包装正中显示，加深了品牌印象。

	CMYK 56,49,45,0	RGB 133,129,128
	CMYK 69,51,35,0	RGB 99,121,145
	CMYK 95,88,67,53	RGB 14,30,46

	CMYK 69,2,34,0	RGB 49,192,190
	CMYK 27,6,52,0	RGB 204,222,148

 ○ 同类赏析 ▲

该羽毛球品牌源自芝加哥，为了更好地展现羽毛球的细节，画面采用灰色背景，将产品插图清晰印刷在包装周围，以期得到消费者的关注。

○ 同类赏析 ▲

为了摒弃运动用品的包装只面向男性这一落后概念，该高尔夫球包装通过多种颜色来展现缤纷之美和运动之美，且能够被女性消费者所接受。

○ 其他欣赏 ○　　**○ 其他欣赏 ○**　　**○ 其他欣赏 ○**

7.3.3　书籍包装设计

　　书籍作为文字、图形等信息的载体，可以传递知识和思想，对众多消费者来说是一种重要的精神依托。而书籍装帧也经历了漫长的发展，现在已经形成了一个比较成熟的市场。可以从两方面来看，首先，为了保护书籍，出版社或杂志社会单独设计新的外包装，以免书籍在运输过程中受到损坏；其次，为了保证书籍不遗失，对于套书，会整理成册置入包装之中。当然，书籍作为精神食粮，其在美学上的要求也颇高。

	CMYK 14,44,92,0	RGB 229,160,23		CMYK 0,71,40,0	RGB 252,111,119
	CMYK 23,45,67,0	RGB 209,155,93		CMYK 12,96,84,0	RGB 227,29,44

○ 思路赏析

该套书是图文对应的设计丛书，一共4套，为了更好地展示这一视觉项目，该项目依靠有限颜色的巧妙使用而展示了华丽和多样性。

○ 配色赏析

单色设计在一般的包装设计中会显得简单、普通，而对于套书来说，这种设计方式反而能引起视觉狂潮。这套丛书一共设计了4种颜色，分别是蓝色、黄色、粉色和紫色，巨大的色差增强了产品的吸引力。

○ 设计思考

为了避免使用多种颜色而给包装带来轻浮、夸张之感，包装封面一律使用暗色调，即在该色系中比较沉稳的颜色，而用金箔印刷书籍标志，使标志与包装既融为一体又能凸显出来。

	CMYK 14,13,14,0	RGB 225,220,216
	CMYK 43,68,86,4	RGB 164,101,57

	CMYK 2,36,90,0	RGB 254,184,0
	CMYK 8,10,87,0	RGB 253,230,2
	CMYK 81,49,100,11	RGB 57,108,29
	CMYK 20,66,100,0	RGB 214,113,0

○ 同类赏析 ▲

为了方便该套书（共3本）的整理，设计师设计了一个带有浮雕装饰图案的包装，与书籍本身图案相似，形成一个体系，并搭配金色绑书带固定。

○ 同类赏析 ▲

该公司有向大众提供柠檬食谱的服务，为了成套推销，专门用一个盒子储存，以柠檬为主题绘制了几幅水彩画，扫描在包装上便能吸引客户。

○ 其他欣赏 ○　　**○ 其他欣赏 ○**　　**○ 其他欣赏 ○**

7.3.4 唱片包装设计

对于有精神追求的消费者来说，音乐是一个涉及较大的领域。很多消费者愿意花钱购买喜欢的音乐类型的唱片，或是收藏喜欢的歌手专辑，但同时他们也注重包装的艺术性，希望包装能有一些美学上的发挥，这就需要设计师发挥自己的创作能力，设计出唱片爱好者愿意买单的作品。

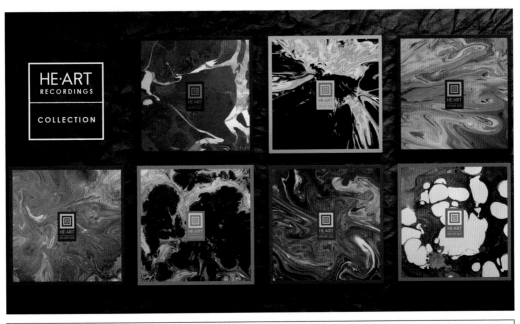

| | CMYK 58,48,93,3 | RGB 130,127,56 | | CMYK 50,9,61,0 | RGB 144,195,128 |
| | CMYK 92,99,64,54 | RGB 27,17,44 | | CMYK 39,98,82,4 | RGB 174,35,54 |

○ 思路赏析

这是名为"HE·ART"的唱片包装设计，一共设计了7个系列包装，以艺术性作为宣传点，贴合唱片的主题，表现出一种大胆与生动之感。

○ 配色赏析

设计师通过渲染的技巧极大地呈现了色彩的艺术和魅力，且通过明与暗、深与浅的对比，让颜色产生了律动美，仿佛在包装之上流动。

○ 设计思考

为了让系列化的设计既有所区别，又彼此拥有联系，设计师特意采用了同一种布局方式，在包装正中呈现唱片的基本信息和标签，然后以不同颜色和勾勒方式显示每种设计的独特性。

	CMYK 44,0,23,0	RGB 146,234,222
	CMYK 92,77,72,53	RGB 16,41,45
	CMYK 30,78,71,0	RGB 195,88,72

 同类赏析 ▲

该唱片是来自俄罗斯的音乐专辑，名为"热带灯塔"，在包装设计上延续了唱片的灵魂，以蓝、绿色为主色调，勾勒出幽暗的热带雨林，梦幻十足。

	CMYK 78,90,18,0	RGB 91,54,134
	CMYK 67,24,31,0	RGB 88,164,178
	CMYK 44,57,11,0	RGB 165,125,175
	CMYK 16,50,4,0	RGB 221,153,194

同类赏析 ▲

该唱片风格带有魔幻色彩，以紫色和蓝色为调色板，绘制了完整的卡通插图，强烈的视觉冲击力给消费者带来了压迫和猎奇的感觉。

○ 其他欣赏 ○   ○ 其他欣赏 ○   ○ 其他欣赏 ○

7.3.5 宠物用品包装设计

随着经济的快速发展，宠物市场逐渐成为主流，现代人都愿意养宠物来寄托自己的情感，所以对宠物的花销也是毫不吝啬，出现了宠物零食、宠物玩具等一系列商品。这些商品多包装精美，以在众多产品中脱颖而出，吸引消费者。通常，宠物用品的包装以宠物为主题，风格趋于可爱、有趣。

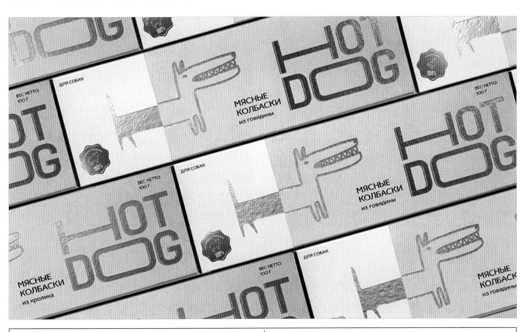

	CMYK 17,89,96,0	RGB 219,58,29		CMYK 12,15,21,0	RGB 230,219,203
	CMYK 72,82,0,0	RGB 118,55,194		CMYK 54,44,40,0	RGB 134,137,141

○ 思路赏析

该宠物零食品牌为狗设计了热狗香肠的概念包装，比起市场上的其他产品来说，在新奇性和有趣性上都更胜一筹，更能体现产品美味健康的价值。

○ 配色赏析

包装以浅棕色和白色为主体颜色，既简单又见细节，品名采用不同的颜色搭配来体现有趣和跳脱，金箔印刷使颜色随光线而变，更精致，且不沉闷。

○ 设计思考

在包装上绘制了一只腊肠犬插图，使用腊肠的可识别形式，包装滑动打开时，腹部越来越长，露出一只超级快乐的小狗。字体有趣又好玩，给品牌增添了一些个性。

	CMYK 12,88,65,0	RGB 228,62,72
	CMYK 63,51,87,7	RGB 113,115,64
	CMYK 87,51,34,0	RGB 1,113,149

	CMYK 5,39,65,0	RGB 247,179,96
	CMYK 49,15,46,0	RGB 147,188,154
	CMYK 45,33,68,0	RGB 161,161,101
	CMYK 2,63,52,0	RGB 247,128,106

○ 同类赏析 ▲

该品牌想要通过更新包装来推出新系列的狗零食，在包装上为每种配料制作了自定义插图，以描述农场提取的好处，暗示客户产品用料的天然。

○ 同类赏析 ▲

该品牌专注于啮齿动物、鸟类，生产治疗性饲料、玩具和教育配件。用透明包装展示产品，给予消费者选择的最大自由。

○ 其他欣赏 ○   **○ 其他欣赏 ○**   **○ 其他欣赏 ○**

深度解析　企业客户礼物包装设计

　　一些企业或商家为了留住客户，往往会在年终或特定的日子给VIP客户送上礼物，一来巩固客户，二来推广产品和企业价值观。这类礼物一般与公司的生产和服务有关，是公司生产的产品样品或周边产品，能够代表品牌。所以，这类礼物的包装是非常精致和用心的，只有这样才能表达企业的诚意。

	CMYK	1,68,87,0	RGB	247,116,34		CMYK	44,36,10,0	RGB	158,162,199
	CMYK	80,80,41,4	RGB	79,71,112		CMYK	30,42,62,0	RGB	194,157,105

○ 内容赏析 ◄

365是一家意大利的教育机构，主要以为客户提供课程服务为主业，以帮助客户实现个人目标为主要业务。该课程周边产品为限量版工具包，包含4种不同类型日记本、一张海报、一张明信片和使用说明。套件体验从包装盒开始。一个优雅的盒子，整体设计既美观又有概念——纯粹的惊艳。

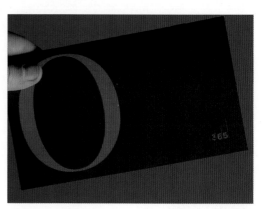

○ 配色赏析 ►

为了体现包装"纯粹的惊艳"这一理念，包装整体颜色搭配以"暗底+亮色点缀"为原则，即以深蓝、黑色为背景色，体现周边产品的档次。然后加入橘色或白色点缀，让客户看到沉闷之中的改变，充满了设计感，且在不滥用亮色的前提下，丝毫不减亮色带来的多样、丰富。

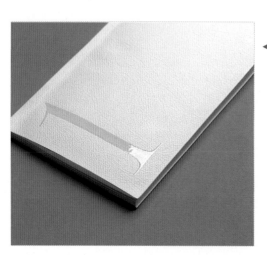

○ 配色赏析 ◄

该周边产品系列内容丰富，所以在包装设计上既不能简单又不能杂乱。抽开纸盒上半部分，就可看到4本日记本整齐排列，一年四季，一季一本。每本日记的颜色不一，可用来记录重要信息。第一本是用质地粗糙但有质感的白纸装帧，就像初春的白雪。

○ 内容赏析 ►

为了重塑品牌，企业从细节出发，在应标注的地方都印上了文字信息，如笔记本正面会标注1、2、3、4，背面会标注品牌标志365，皆采用特殊的印刷方式，在同一色系下还能突出显示。

◀ ○ **内容赏析**

打开包装盒，客户就能看到盒子内覆盖了高级包装纸，通过在纸浆中染色，具有特殊的光泽，提升了项目产品的珍贵度。包裹里的第一个礼物是一本小册子，这本小册子包含了对该产品的解释和将要开展的活动，它被包裹在一张海报中，以供日后用作相关课程的基本工具。这种细致的包装方式，能给客户带来拆卸礼物的惊喜之感，也是非常实用的包装方式。

○ *其他欣赏* ○　　　○ *其他欣赏* ○　　　○ *其他欣赏* ○

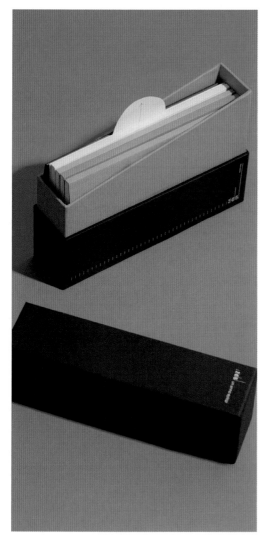

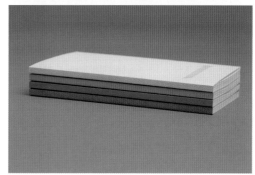

色彩搭配速查

　　色彩搭配是指对色彩进行选择、组合后以取得需要的视觉效果。搭配时要遵守"整体协调，局部对比"的原则。本书列举了一些常见的色彩搭配方案，供读者参考使用。

○ 柔和、淡雅

CMYK 4,0,28,0 CMYK 23,0,7,0 CMYK 0,29,14,0	CMYK 0,29,14,0 CMYK 7,0,49,0 CMYK 24,21,0,0
CMYK 45,9,23,0 CMYK 0,28,41,0 CMYK 0,29,14,0	CMYK 0,52,58,0 CMYK 0,74,49,0 CMYK 0,29,14,0
CMYK 0,29,14,0 CMYK 0,0,0,0 CMYK 46,6,50,0	CMYK 0,28,41,0 CMYK 4,0,28,0 CMYK 45,9,23,0
CMYK 56,5,0,0 CMYK 0,0,0,0 CMYK 23,0,7,0	CMYK 24,0,31,0 CMYK 45,9,23,0 CMYK 4,0,28,0

○ 温馨、清爽

CMYK 0,28,41,0 CMYK 27,0,51,0 CMYK 23,18,17,0	CMYK 0,29,14,0 CMYK 24,21,0,0 CMYK 24,0,31,0
CMYK 23,0,7,0 CMYK 23,18,17,0 CMYK 27,0,51,0	CMYK 24,21,0,0 CMYK 0,29,14,0 CMYK 23,0,7,0
CMYK 27,0,51,0 CMYK 0,0,0,0 CMYK 43,12,0,0	CMYK 24,0,31,0 CMYK 0,0,0,0 CMYK 59,0,28,0
CMYK 24,21,0,0 CMYK 0,0,0,0 CMYK 43,12,0,0	CMYK 45,9,23,0 CMYK 0,0,0,0 CMYK 27,0,51,0

○ 可爱、快乐

CMYK 59,0,28,0 CMYK 29,0,69,0 CMYK 1,53,0,0	CMYK 0,54,29,0 CMYK 0,0,0,0 CMYK 0,28,41,0
CMYK 48,3,91,0 CMYK 0,52,91,0 CMYK 4,25,89,0	CMYK 0,96,73,0 CMYK 0,0,0,0 CMYK 0,52,58,0
CMYK 50,92,44,1 CMYK 29,14,86,0 CMYK 66,56,95,15	CMYK 25,47,33,0 CMYK 7,0,49,0 CMYK 70,63,23,0
CMYK 0,74,49,0 CMYK 10,0,83,0 CMYK 74,31,12,0	CMYK 78,28,14,0 CMYK 23,18,17,0 CMYK 0,74,49,0

○ 活泼、生动

CMYK 0,74,49,0 CMYK 8,0,65,0 CMYK 48,4,72,0	CMYK 70,63,23,0 CMYK 0,0,0,0 CMYK 0,54,29,0
CMYK 0,52,91,0 CMYK 30,0,89,0 CMYK 27,88,0,0	CMYK 48,3,91,0 CMYK 0,0,0,0 CMYK 0,73,92,0
CMYK 0,52,91,0 CMYK 10,0,83,0 CMYK 78,28,14,0	CMYK 26,17,47,0 CMYK 27,88,0,0 CMYK 49,3,100,0
CMYK 0,73,92,0 CMYK 8,0,65,0 CMYK 80,23,75,0	CMYK 25,99,37,0 CMYK 79,24,44,0 CMYK 4,26,82,0

○ 运动、轻快

CMYK 0,74,49,0 CMYK 10,0,83,0 CMYK 89,60,26,0	CMYK 0,52,58,0 CMYK 0,0,0,0 CMYK 87,59,0,0
CMYK 0,52,91,0 CMYK 4,0,28,0 CMYK 83,59,25,0	CMYK 25,71,100,0 CMYK 29,15,82,0 CMYK 83,59,25,0
CMYK 48,3,91,0 CMYK 0,74,49,0 CMYK 83,59,25,0	CMYK 83,59,25,0 CMYK 0,0,0,0 CMYK 45,9,23,0
CMYK 67,0,54,0 CMYK 10,0,83,0 CMYK 83,59,25,0	CMYK 77,23,100,0 CMYK 4,26,82,0 CMYK 83,59,25,0

○ 华丽、动感

CMYK 48,3,91,0 CMYK 0,0,0,0 CMYK 78,28,14,0	CMYK 29,15,94,0 CMYK 0,52,80,0 CMYK 74,90,1,0
CMYK 0,96,73,0 CMYK 92,90,2,0 CMYK 29,15,94,0	CMYK 100,89,7,0 CMYK 10,0,83,0 CMYK 0,73,92,0
CMYK 52,100,39,1 CMYK 4,25,89,0 CMYK 25,100,80,0	CMYK 4,26,82,0 CMYK 92,90,2,0 CMYK 0,96,73,0
CMYK 0,96,73,0 CMYK 89,60,26,0 CMYK 10,0,83,0	CMYK 4,25,89,0 CMYK 79,24,44,0 CMYK 26,91,42,0